できるビジネス

関数は「使える順」に極めよう!

Excel
最高の学び方

公認会計士・税理士 羽毛田睦土

インプレス

はじめに

いまの時代、Excelの情報はとても充実しています。

インターネットや解説書などを使えば、分からないことはいつでも答えを知ることができます。それにもかかわらず、Excel作業で悩んでいる人は多いのではないでしょうか。

○ **Excelを仕事でうまく使いこなせない**

○ **どうしても手作業に頼ってしまう**

○ **気付けば予定の倍以上、作業に時間がかかっている**

こうした日々のExcel作業の効率を上げるためには、Excel関数の活用が欠かせません。とりわけ重要な関数を見極めてその関数をうまく使いこなすことが大切です。

Excelにはたくさんの関数があり、どれもとても便利です。ですが、覚える関数の数をむやみに増やすことは、Excel関数を仕事で使う上で、さほど重要ではありません。

というのも、ほとんどの関数は（非常に限られた）特定の場面でしか使えず、せっかくたくさん覚えてもそれ以外の場面ではまったく役に立たないからです。

むしろ、実務で作業効率を上げるためには、数は少なくてもいいので、あらゆる場面で使える基本的な関数を、1つ1つしっかり使いこなせるようになることが大切です。正しい方法で学べば、使える関数の数が少なくても、ほとんどの作業を効率化させることができます。

私が会社に勤めていたころ、後輩から「丸1日ひたすらコピペしているんですよ。何かいい方法ないですか？」という相談をよく受けていました。実際、そのほとんどの作業が、「こんな簡単な数式で?!」と驚かれるような、よく見る基本的な関数を使うだけで効率化できるのです。

今、この文章を読んでいただいている方の中には、「以前に関数の解説書を読んだことはあるが、挫折してしまった」という経験の持ち主もいるかもしれません。

多くの本ではできるだけたくさんの関数を紹介しようとしている分、1つ1つの関数について詳しい解説がされていないことがほとんどです。
　その結果、取り扱われている事例と目の前の実務が少しでも違うとどうしたらいいか分からなくなり、同じ関数を何度もインターネットや解説書で調べたり、結局元の手作業に逆戻りしたりしてしまいます。

　本書は、そんな挫折を経験してしまった人や、初めて勉強する人も無理せずExcel関数を学べるよう、「最小限の関数で、最大限の業務改善ができる本」を目指して作りました。

　この本は、次のようなことを意識して構成しています。

- ○ 「これだけ覚えれば実務は十分と言える18の関数」だけを解説し、覚えるべき内容を最小限に抑える
- ○ 関数でしたいことを図解や日本語で言い換えることで、1つ1つの関数の「特徴」が掴める
- ○ 多くの活用事例を学んで、実務と関数を結びつける「ひらめき」が鍛えられる

　まず、紹介する関数は本当に役立つモノだけを厳選して、覚えるべき関数の数自体を減らします。少ない関数だけでも、組み合わせて使うことでほとんどの仕事が片付けられるのです。
　次に、1つ1つの関数をきちんと理解できるように、関数が行う作業を図解したり、数式を日本語で表現したりして丁寧に解説していきます。こうして関数の特徴を掴んでいくことで、書式や使い方を無理に暗記しないでも、数式が自然と組めるようになります。
　逆にこのステップを飛ばしていきなり関数の書式を説明してしまうと、「書式は分かった。でも、どう使ったらいいかよく分からない」という状況におちいってしまいます。

関数の特徴を押さえられたら、実際の活用事例（ケーススタディ）で繰り返し実践することで、さらに関数の知識を自分のモノにしていきます。
　そうしているうちに、実務で「この場面なら、この関数を使う」と自力で気付けるようになるはずです。要は、どの関数を使えばいいかが「ひらめく」ようになるのです。
　「ひらめく」と言うと、とても大変なことのように思うかもしれませんが、本書を読み終えるころには、その「ひらめき」の正体は、「自分が知っている『型』に、目の前の状況を当てはめている」だけだということが分かると思います。

　もし、あなたが「何度調べても関数をうまく仕事に取り込めなかった」というように、Excel作業で時間がかかって困っていたり、関数に苦手意識を持っていたりするのであればぜひ読んでいただきたいと思います。

　それでは、作業効率を上げる第一歩を踏み出しましょう！

2018年2月
羽毛田睦士

- 本書で紹介する操作はすべて2018年2月現在の情報です。
- 本書では「Windows 10」と「Microsoft Office 365 ProPlus」がインストールされているパソコンで、インターネットが常時接続されている環境を前提に画面を再現しています。なお、Macの場合、操作が異なりますのでご注意ください。
- 本文中では、「Microsoft® Office Excel 2016」のことを「Excel」と記述しています。
- 本文中で使用している用語は、基本的に実際の画面に表示される名称に則っています。
- 「できる」「できるシリーズ」は株式会社インプレスの登録商品です。本書に記載されている会社名、製品名、サービス名は、一般に各開発メーカおよびサービス提供元の登録商標または商標です。なお、本文中にはTMおよび®マークは明記していません。

練習用ファイルについて

本書で紹介している練習用ファイルは、弊社Webサイトからダウンロードできます。
練習用ファイルと書籍を併用することで、より理解が深まります。

▼練習用ファイルのダウンロードページ

https://book.impress.co.jp/books/1117101053

はじめに 002

練習用ファイルについて 005

第1章 実践する前に覚えておくべき Excel関数の基本 013

無敵の応用力を身に付けて関数を使いこなす！ 014
ビジネスパーソン必修の5大関数 018
関数を使う前に押さえておくべき4つの鉄則 024
Excelは相対参照・絶対参照の理解が決め手 030

📄 **CASE1-01** セル参照を駆使して価格一覧表を作る
マトリックス表の計算 036

📄 **CASE1-02** 入出庫数から在庫数の累計を求めたい
四則演算で累計を求める 038

第2章 SUM関数 039

超基本の関数をディープに使い倒す

複数セルを合計するSUM関数を使いこなす 040

- 📄 **CASE2-01** 上期と下期の合計を簡単に求めたい
  離れたセルの合計 044
- 📄 **CASE2-02** シート別に集計された店舗の売上金額をまとめて合計するには
  くし刺し集計 046
- 📄 **CASE2-03** 入出荷の情報から月末の在庫を求める
  SUMと負の数 048
  - ■ 正の数(+)を負の数(-)に変換するには 049
- 📄 **CASE2-04** 月別と商品別の合計を一気に求める
  縦横の合計 050

第3章 IF関数 051

効率化のカギは条件分岐である

どんな条件も導けるIF関数を極めよう 052
- ■ データの種類のばらつきに要注意 055

条件分岐を自分のモノにする2つのステップ 056
- ■ まずは日本語で説明できるようになる 057

IF関数の「3つの型」を掴んで仕事に生かす　058

📄 **CASE3-01** 目標金額を達成した担当者に「達成」と表示したい
　　　　IFの基本型　061
　■ 目標達成率が100%以上のときだけ色を変えたい　063

📄 **CASE3-02** 支払金額に応じて支払い方法を変える
　　　　IFの基本型　064

📄 **CASE3-03** 日付の情報から「○○年度」を計算する
　　　　IFの基本型　067
　■「年月日」が1つのセルに入力されている表の場合　071

📄 **CASE3-04** ボリュームディスカウントの割引率を求める
　　　　IFの入れ子型　072
　■ 入れ子しなくていい新関数が登場!　075

📄 **CASE3-05** 前月比で著増減がある行に「＊」を付ける
　　　　IFの複雑条件型（ORを使用）　076

📄 **CASE3-06** 出荷予定日を過ぎた行に「未出荷」と表示する
　　　　IFの複雑条件型（ANDを使用）　079
　■ 条件はシンプルな表現が好ましい　082

IF関数のもう1つの使い方!「例外処理」の型を理解しよう　083
　■ エラー値の場合はIFERROR関数でも処理できる　086

📄 **CASE3-07** 在庫が足りない商品の追加発注数を決める
　　　　IFの例外処理型　087
　■ 循環参照に気を付けよう!　089

📄 **CASE3-08** 大量のデータを高速処理するデータベースを作る
　　　　データ処理の下準備　090

第4章 4つの「型」で業務の自動化をかなえる VLOOKUP関数 093

データの転記が驚くほどラクになる最強の関数 094
- ■ [検索の型]は「FALSE」を指定 096

VLOOKUP関数が絶対組めるようになる3つのステップ 097
- ■ VLOOKUP関数に慣れるまでは[検索値]の指定に要注意! 100

どこに置く? 「参照表」の配置ルール 101

4つの「型」でVLOOKUP関数を自在に動かす 104

CASE4-01 商品コードに対応する「単位」と「単価」を表示したい
VLOOKUPの検索型 107

CASE4-02 VLOOKUP関数を使ってもうまく検索できないときは
VLOOKUPの検索型 112

CASE4-03 見積書に表示されてしまうエラー値を消したい
IFERRORのエラー処理 115

CASE4-04 取引先の商品コードを自社のコードへ一気に変換したい
VLOOKUPの変換型 117

CASE4-05 旧システムのシリーズ・型番を最新版に変換する
VLOOKUPの変換型 120

CASE4-06 散らばったデータを1つの表に集約しよう
VLOOKUPの結合型 124

CASE4-07 自分が担当している取引先だけを抽出する
VLOOKUPの条件分岐型 128

CASE4-08 商品の重量に応じた送料を計算したい
VLOOKUPの条件分岐型 132

第5章 集計・分析の質とスピードが変わる SUMIFS関数／COUNTIFS関数 135

複数の条件で合計値を計算できるSUMIFS関数 136
- SUMIF関数は使いません！ 141

3つの「型」を覚えてSUMIFS関数を使いこなす 142

📄CASE5-01 売上明細から商品別の売上高を集計する
SUMIFSの基本型 145

📄CASE5-02 売上高の総合計をSUMIFS関数で求めるには
SUMIFSと「<>」の記号 148

📄CASE5-03 売上明細から支店別・性別で比較できる表を作ろう
SUMIFSの基本型（複数条件の場合） 151
- 正式な場で使う集計表は別シートに移動して、「<>」を非表示に 153

📄CASE5-04 日付別のPV数を月別に集計するには
SUMIFSの集約型（MONTHを使用） 154

📄CASE5-05 主要な取引先以外を「その他」にまとめて集計する
SUMIFSの集約型（VLOOKUPを使用） 157

📄CASE5-06 取引先と商品の2軸で分析する売上集計表を作ろう
SUMIFSのマトリックス型 160

- CASE5-07 月初在庫・入荷・出荷のデータから商品在庫の推移を見る
  - SUMIFSのマトリックス型　163

データの件数を求めるCOUNTIFS関数　167

- CASE5-08 アンケートを職業別に集計して評価の特徴を掴む
  - COUNTIFSのマトリックス型　169
  - ■ COUNTIF関数も使いません!　170

Excelの優秀な集計ツール　ピボットテーブル　171

ピボットテーブルの基本操作を極める　175
  - ■ データの個数や平均値も求められる!　182

- CASE5-09 集計項目を任意の支店順に並べ替える
  - ピボットテーブルの並べ替え　183

- CASE5-10 受注履歴を元に重複しない取引先の一覧表を作る
  - ピボットテーブルで重複の削除　186

- CASE5-11 2つのリストを照合して異なるデータがあるか調べる
  - ピボットテーブルの照合　188

- CASE5-12 売上明細と入金明細に差額がないか調べる
  - ピボットテーブルの突合　190
  - ■ 集計の元データも簡単に表示できる!　192

第6章

ここまで覚えれば最強の関数使い！

便利関数＆テクニック 193

集計表に欠かせない「日付」「端数」「金額」の処理 194

導きたい日付を自由自在に求める日付処理 196

📄 **CASE6-01** 前日と翌日の日付を求める
　　　　日付の計算　198

📄 **CASE6-02** 指定した日から納期までの日数を調べる
　　　　日数の計算　199

📄 **CASE6-03** 年・月のデータから月初・月末の日付が分かる
　　　　DATE　204

「端数処理」は目的によって手段を変える 208

📄 **CASE6-04** 経費を各部門に割り振る
　　　　ROUND　212

金額の表示方法を「ひと工夫」してみよう 214

　■ 関数を使えば、四捨五入以外で「千円単位」にできる　216

おわりに　217

関数INDEX　218

INDEX　221

著者プロフィール　223

第 **1** 章

実践する前に
覚えておくべき

Excel関数の基本

無敵の応用力を
身に付けて
関数を使いこなす!

📄 Excel業務は「関数の活用」がカギ

「Excel業務に時間がかかってしょうがない……」

日ごろ働く中で、そう感じている人は少なくありません。Excelは、売上表や報告書、請求書など広範囲で書類データが作れるため、ビジネスパーソンにとって必須のツールです。しかし同時に、使いこなすためのツボを押さえていないと、1つの作業に信じられないほど時間がかかってしまいます。

そんなExcel業務のストレスを解消するのが、**「Excel関数の活用」**です。なぜなら関数は、手入力に比べて計算は正確、かつどんな大量データもスピーディーに処理できるからです。こんな便利な関数ですが、数がたくさんあったり、複雑な数式を使ったりするため苦手に感じてしまう人も多くいます。

そこで声を大にして言いたいのが、「関数ができる人とできない人の違いは学び方だ!」ということです。たくさんの関数を覚えたり、複雑な数式を丸暗記したりするのは実はそこまで重要ではありません。誰もが知っている基本的な関数だけでも、仕事は十分まわります。

本書では、関数をうまく使いこなせていないビジネスパーソンのために、要領よく、かつ確実に関数を自分のモノにできる学び方を紹介します。

「共通の法則」を探すことが上達の近道！

　何冊かExcelの本を読んで、関数の勉強をした人もいるでしょう。本に載っている例題と、実際に出てくる状況が違うから、どうすればいいか分からなくなるという声をよく聞きます。このような状況になってしまうのは、1つ1つの例題を、それぞれ固有の用途としてしか見ていないからです。

　応用力を付けるためには、ある関数について複数の例題を見て、それらの例題に**共通する「法則」を探しだすことが重要**です。1つの関数が複数の用途で使われているところを見ることで、「この関数は、こんな使い方もできるんだ」という気付きを得ることができます。

　このステップを踏んでおくことで、「それならこんな使い方もできるのでは？」といった新たな発見や問題解決も自然とできるようになります。これがExcel仕事における「応用力」です。

　たとえば、SUMIFS（サムイフズ）関数を見てみましょう。下の2つの事例は目的や集計表の形は異なりますが、すべてSUMIFS関数で求めています。

Case1　商品別に売上高を集計

	A	B	C	D	E	F
1	商品	取引先	売上高		商品	計
2	みかん	(有)希林	52,309		みかん	821,050
3	りんご	八彩(株)	230,598		りんご	1,183,636
4	みかん	八彩(株)	32,408		すいか	437,950
5	みかん	リテール(株)	605,484			
6	すいか	(有)希林	98,257			
7	りんご	リテール(株)	340,968			
8	みかん	(有)希林	85,763			
9	すいか	八彩(株)	103,984			
10	りんご	リテール(株)	540,986			
11	みかん	八彩(株)	45,086			

売上明細のデータを使って、セルF2～F4に商品別の売上高を集計している

Case2　月別・部門別に経費を集計

	A	B	C	D	E	F	G	H	I
1	売上日	部門	経費	月					
2	2017/4/15	営業1課	399,255	4月			4月	5月	6月
3	2017/4/19	営業4課	924,678	4月		営業1課	399,255	2,127,271	1,178,505
4	2017/4/28	営業2課	1,469,728	4月		営業2課	1,469,728	509,834	914,220
5	2017/4/30	営業3課	1,368,186	4月		営業3課	1,368,186	116,131	207,681
6	2017/5/11	営業1課	116,131	5月		営業4課	924,678	1,099,819	703,945
7	2017/5/25	営業2課	509,834	5月					
8	2017/5/28	営業4課	837,210	5月					
9	2017/5/30	営業4課	262,609	5月					
10	2017/5/31	営業1課	2,127,271	5月					
11	2017/6/4	営業4課	703,945	6月					

経費明細のデータを使って、セルG3～I6に月別・部門別の経費を集計している

共通の法則を探し出す

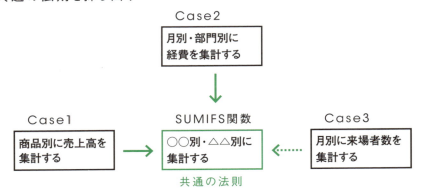

　前ページの2つのケースは、どちらも「○○別・△△別に集計をする」という共通の処理をしていることが分かります。つまり、目的がこの「共通の法則」に当てはまれば、SUMIFS関数を使って集計できるということが分かるのです。実際、上の図にあるCase3の「月別に来場者数を集計する」という場合も、「共通の法則」に当てはまるのでSUMIFS関数が使えます。

　本書では、1つ1つの関数を深掘りすることで見えてくる「共通の法則」を知ってもらい、ケーススタディを通してスキルを高めていきます。そうすることで、実務でも「**この法則だからこの関数**」と思い出すことができ、実務と関数が自然と結びつくようになるのです。

たくさん覚える必要はありません

　関数とは、面倒な計算を1つの数式で記述できる仕組みです。たとえば、セルB2からセルB100に入力されている数値を合計したいとき、足し算の数式を使って表すと「=B2+B3+B4……+B100」となりますが、関数を使えば下の数式で同じ計算結果を得られます。数式がぐっと短くなり、簡潔に同じ結果が求められます。

=SUM(B2:B100)

SUM関数で合計を求める

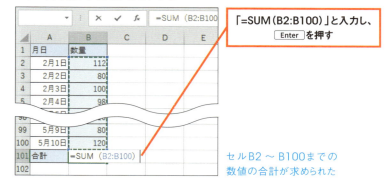

関数の書式

「()」で括られているデータを**引数**と言い、1つ1つの引数は「,」(半角カンマ)で括ります。SUM関数のように、単純な引数であれば覚えやすいのですが、複雑な引数の関数も多くあります。また、関数での計算結果を**戻り値**と言います。

本書の執筆時点で、Excelで使える関数の種類は全部で476個。「すべての関数を理解するのは大変だ!」と思うかもしれません。

しかし、多くの関数を覚える必要はないのです。ビジネスシーンでは約9割の関数は、ほぼ使いません。実際使うべき関数は、最も重要な関数が5個、そして補助的に使う関数が13個で十分です。使用頻度の高い関数を深く理解し、組み合わせながら使うことで、ほとんどの仕事を楽にこなせるようになります。

では、特に押さえておくべき重要度トップ5の関数を紹介しましょう。

ビジネスパーソン必修の5大関数

最も重要な5つの関数とは?

まずは、Excelを仕事で使う上で、「最も重要な5つの関数」を押さえておきましょう。一般的に使いこなすのが難しいと考えられている関数も含まれていますが、学び方を間違えなければ、必ず使いこなせるようになります。この項では、5つの関数を"使える順"(使う優先度が高い順とも言えます)に並べました。まずは、5つの関数の概要を解説します。

1. SUMIFS関数

SUMIFS関数は、指定した条件に一致するデータを合計します。「取引先別」「担当者別」など1つの条件はもちろん、「取引先別・担当者別」など、複数の条件でも合計できます。主に金額の集計に用いることが多いでしょう。

SUMIFS関数…P.135

例:取引先別に金額を集計

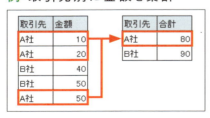

SUMIFS関数を使って、取引先ごとに金額を合計する

SUMIFS(合計対象範囲, 条件範囲1, 条件1, 条件範囲2, 条件2,…)
指定した複数の条件に一致するデータの合計を求める

2. COUNTIFS関数

COUNTIFS関数は、指定した条件に一致するデータの個数を数えます。SUMIFS関数が合計ならば、COUNTIFS関数は個数です。主にアンケート結果や売上件数を「○○別」に集計するときに役立ちます。

COUNTIFS関数…P.167

> COUNTIFS(検索条件範囲1,検索条件1,検索条件範囲2,検索条件2,…)
> 指定した複数の条件に一致するデータの個数を求める

例：取引先別にデータの件数を集計

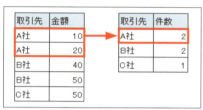

COUNTIFS関数を使って、取引先ごとの取引件数を数える

3. VLOOKUP関数

VLOOKUP関数は、データを転記するときに使えます。**条件に一致するデータを見つけたら、指定した列にある内容を取り出します。**

少し工夫すると、複数の表を1つにまとめたり、文字を変換したり、さまざまな業務に役立ちます。

VLOOKUP関数…P.093

> VLOOKUP(検索値,範囲,列番号,検索の型)
> 範囲から指定したセルを検索し、対応する値を返す

例：商品コードから商品名を転記する

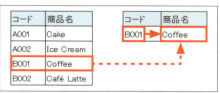

VLOOKUP関数を使って、指定したコード（B001）と一致する商品名を取り出す

4. IF関数

IF関数は、条件に応じて処理を変える関数です。たとえば、「60点以上は合格、それ以外は不合格」「毎月20日は5%割引」など、条件を判断して処理を変えることができます。

IF関数…P.051

> **IF(論理式,真の場合,偽の場合)**
> 条件に応じて処理を変える

例：60点以上のときは合格、それ以外は不合格

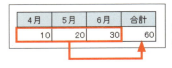

IF関数を使って、点数に応じて各自の合否を判断する

5. SUM関数

SUM関数は指定したセルの数値を合計するときに使います。

SUM関数…P.039

> **SUM(数値1,数値2,…,数値255)**
> 数値を合計する

例：第一四半期の売り上げを合計する

4月	5月	6月	合計
10	20	30	60

SUM関数を使って、4月～6月の合計を求める

　なお、第2章以降の並び順は、学習効率が高い順に構成しており、上記とは逆の順番で説明をしています。関数初心者の方はSUM関数から学び、中級者の方は理解を深めたい関数から読み始めても大丈夫です。
　次に、合わせて覚えておきたい13の関数を紹介します。

プラスαで身に付けておきたい13の関数

前述した5つの関数のほかに、実務でよく出る関数があります。前ページで紹介した関数だけで処理できない場合には、以下の関数が使えないか考えてみると、たいていのことには対処できます。詳しくは第2章以降で解説します。

覚えておくと便利な関数一覧

カテゴリ	関数	意味・書式
条件処理	AND関数	複数の条件がすべて満たされているか調べる =AND(論理式1,論理式2,…)
	OR関数	複数の条件で、どれか1つでも満たされているか調べる =OR(論理式1,論理式2,…)
エラー処理	IFERROR関数	エラー値があるときに返す値を変える =IFERROR(値,エラーの場合の値)
日付処理	DATE関数	指定した日付の日付データを求める =DATE(年,月,日)
	DAY関数	日付データから日を取り出す =DAY(シリアル値)
	MONTH関数	日付データから月を取り出す =MONTH(シリアル値)
	YEAR関数	日付データから年を取り出す =YEAR(シリアル値)
文字列処理	LEFT関数	文字列の左端から指定した文字数分だけ文字を取り出す =LEFT(文字列,文字数)
	MID関数	文字列の指定した位置から文字数分だけ文字を取り出す =MID(文字列,開始位置,文字数)
	RIGHT関数	文字列の右端から指定した文字数分だけ文字を取り出す =RIGHT(文字列,文字数)
端数処理	ROUND関数	指定した桁数に数値を四捨五入をする =ROUND(数値,桁数)
	ROUNDDOWN関数	指定した桁数に数値を切り捨てる =ROUNDDOWN(数値,桁数)
	ROUNDUP関数	指定した桁数に数値を切り上げる =ROUNDUP(数値,桁数)

SUMとSUMIFS、どっちを使えばいい？

　SUM関数とSUMIFS関数は、どちらも数値の合計を計算する関数です。実務で数値の合計を求めなくてはならない場面では、どちらの関数を使えばいいのか迷ってしまうことも少なくありません。そのようなときは、18ページで紹介した"使える順"（使う優先度が高い順）に関数を使うといいでしょう。たとえば、下の売上明細で取引先別に金額を集計したいとします。皆さんなら、どうしますか？

セルF2～F4に、取引先別の売上金額を求めたい

　これを実際に試してもらうと、多くの人が取引先（B列）を昇順に並べ替えてから、SUM関数で合計を求めようとします。

SUM関数を使った場合

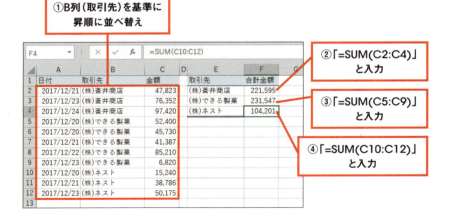

データが少なければ、この方法でもなんとかなるかもしれませんが、「元データが1,000件に増えた」「毎月・毎週など定期的にこの業務を行う」という状況になると、作業にかかる時間が雪だるま式に増えていきます。

このようなケースでは、SUMIFS関数を使っておけば、将来にわたっても同じ操作で簡単に対処できます。

SUM関数…P.039

SUMIFS関数を使った場合

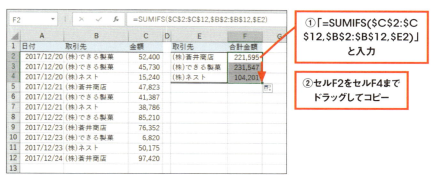

セルF2に入力したSUMIFS関数の数式を下にコピーすると、取引先ごとに集計された

　SUMIFS関数は、SUM関数の数式に比べるとやや複雑ですが、一度自分のモノにできたらSUM関数を使うよりはるかに効率的です。手順が減るだけではなく、元データが何件あっても、1つの数式だけで集計できるようになります。

　現段階では、数式の細かい意味を把握する必要はありません。「合計を取るときは、最初にSUMIFS関数から考えよう」ということだけ覚えておいてもらえればOKです。

SUMIFS関数…P.135

関数を使う前に押さえておくべき4つの鉄則

1つ1つの関数を深く掘り下げていく前に、最低限覚えておいてほしいExcelの基本を解説していきます。

鉄則①「Excelで扱う値（データ）は4種類」

Excelのセルに表示される値の種類は、4種類あります。この4種類の役割を理解しておくと、関数の数式を作るとき、引数を指定しやすくなるでしょう。

	A	B	C（文字列）	D（数値）	E	F	G（エラー値）	H	J（論理値）
1	日	曜	商品	価格	個数	割引対象	支払い価格		水曜日かつ30個以上
2	2018/4/3	火	日替わり弁当	500	40		20,000		FALSE
3	2018/4/3	火	幕ノ内弁当	550	15		8,250		FALSE
4	2018/4/4	水	日替わり弁当	500	15		7,500		FALSE
5	2018/4/4	水	コロッケ弁当	450	20		9,000		FALSE
6	2018/4/4	水	とんかつ弁当	600	30	0.7	12,600		TRUE
7	2018/4/4	水	日替わり弁当	500	55	0.7	19,250		TRUE
8	2018/4/5	木	コロッケ弁当	450	10	-	#VALUE!		FALSE
9	2018/4/6	金	とんかつ弁当	600	20	-	#VALUE!		FALSE
10	2018/4/9	月	日替わり弁当	500	30	-	#VALUE!		FALSE
11	2018/4/10	火	コロッケ弁当	450	25	-	#VALUE!		FALSE
12	2018/4/11	水	とんかつ弁当	600	30	0.7	12,600		TRUE

中でも、Excel関数を使う上では「数値」と「文字列」の違いが重要になるので、しっかり押さえておいてください。

数値

足し算・引き算・掛け算・割り算などの数値計算をするときに使います。
例：「123」「0.1」「15000」

> **ポイント**
>
> 「2018/4/1」などの日付形式のデータも、実はExcel内部では「数値」として扱われます。詳細は196ページで解説しています。

文字列

単語や文章のように文字が連なったデータです。数値のように計算はできません。入力した内容をそのまま表示したいときに使います。
例：「山田」「ABC」「B01」「015000」

数式に文字列を入力する方法…P.027

文字列の結合…P.028

エラー値

数式や関数の内容が間違っているときに表示される、いわゆるエラーです。Excelには以下の7種類のエラーがあります。
例：「#N/A」「#DIV/0!」「#VALUE!」「#REF!」「#NUM!」「#NAME?」「#NULL」

エラー値の場合はIFERROR関数でも処理できる…P.086

論理値

二者択一を表現するための値で「TRUE」「FALSE」の2種類があります。論理値は、状況によってさまざまな意味を持ちます。

たとえば、IF関数のように「条件が一致しているか、そうでないか」を判断する場面では、一致したことを表現するのに「TRUE」、一致していないことを表現するのに「FALSE」を使います。

鉄則②「数式入力の"3つの方法"を押さえる」

数式を入力する方法

　Excelではセルの先頭に「=」を入力すると数式と判断します。下の画面のように「=1+3」と入力して Enter キーを押すと、「4」と表示されました。少し裏技ですが、「=」の代わりに「+」から入力しても計算できます（例：「+1+3」）。

「=1+3」と入力し、Enter を押す

入力した数式の内容は、数式バーで確認できる

> **ポイント**
> 数式は半角文字で入力します。 Enter キーを押しても計算が実行できない場合、[ホーム]タブ→[数値]グループから表示形式が「文字列」になっていないか確認しましょう。

セルを参照する方法

　数式の中で「ほかのセル」を指定することを、**セル参照**と言います。セル参照は、1つのセルだけではなく、複数のセル（セル範囲）を参照することも可能です。

Excelは相対参照・絶対参照の理解が決め手…P.030

①「=」と入力

②セルA1をクリック

セルA1が参照された

①「=SUM」と入力し、Tab を押す

②セルA1をクリックし、セルA4までドラッグ

セルA1～A4のセル範囲が参照された

数式に文字列を入力する方法

　数式には、数値やセル参照だけでなく文字列の入力もできます。ここで大切なのは、**入力したい文字列は必ず「"」（半角のダブルクォーテーション）で囲む**ことです。囲んでいないと、文字列として扱われず、極端な場合には「#NAME?」とエラーが表示される場合もあります。

「"」は、Shift + 2 を押しても入力できる

鉄則③「計算に使う5つの記号を覚える」

　Excelでの計算の基本は、足し算・引き算・かけ算・割り算（四則演算）と、文字列をつなぐ「結合」です。

四則演算

　Excelで足し算・引き算・かけ算・割り算などの四則演算をするには、次の記号を使います。かけ算と割り算の記号は、普段使う「×」「÷」ではないので注意しましょう。

四則演算の記号

四則演算	記号	入力例
足し算	+	=1+1
引き算	-	=3-2
かけ算	*（アスタリスク）	=3*4
割り算	/（スラッシュ）	=10/2

文字列の結合

Excelでは数値の計算だけではなく、文字列を結合することも可能です。たとえば下の画面のように、セルA1の「東京都」とセルA2の「千代田区」という文字列を結合したい場合、以下の数式を入力します。

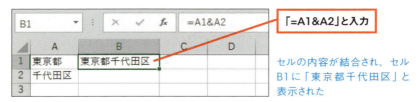

このように、2つの文字列を「**&**」でつなげると、2つの文字列が結合されます。直接、文字列を指定することもできます。次のように「=A1&"世田谷区"」と入力すると、「東京都世田谷区」と表示されます。

鉄則④「関数の書式は覚えなくていい」

関数を入力するには、下の2つの方法があります。

①セルを選択し、そのままセル内（または数式バー）に入力
②［数式］タブの［関数ライブラリ］から選択し、ダイアログボックスから入力

より素早く入力できる方法は、①のセルに直接入力する方法です。本書ではこちらを推奨しています。セルに「=」を続けて、関数の名前を入力します。

このように関数を入力すると、前ページの画面のように**ポップアップで関数の書式が表示**されます（赤色の下線部分）。本書の2章以降を読んで関数のイメージを理解できれば、ポップアップを見るだけで引数に何を入力すべきかが分かるので、細かい書式を覚える必要ありません。書式に表示されている通りに引数を指定していきましょう。

たとえば、先ほどのVLOOKUP関数で言うと、ポップアップに出てきた書式の通りに引数を指定していくと、次の入力例のようになります。

関数の書式（ポップアップの表示）

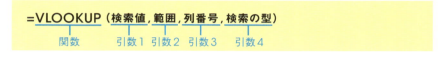

関数の数式（入力例）

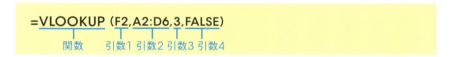

第1の引数が「F2」、第2の引数が「A2:D6」、第3の引数が「3」、第4の引数が「FALSE」と指定しています。引数と引数の間は、必ず「,」（半角カンマ）でつなげましょう。

Excelでは、指定できる引数の数が関数ごとに決まっています。たとえば、VLOOKUP関数であれば4個です。中には、SUM関数のように1〜255個まで入れられる関数もあります。

上の数式を入力

ポップアップを参考に、VLOOKUP関数で商品コードに対する数量を表示できた

VLOOKUP関数…P.093

Excelは
相対参照・絶対参照の
理解が決め手

第1章の最後に、Excelを使う際に非常に重要な「セル参照」について解説します。実際にExcelを操作する前に、きちんと理解しておきましょう。

「セル参照」がすべての基本

SUM関数をはじめ、Excelの数式を使いこなすためには「セル参照」の理解が欠かせません。セル参照には、「**相対参照**」と「**絶対参照**」という2つの参照方法があります。

> **相対参照**：数式をコピーすると、**その方向に参照先のセル番号がずれる**
> **絶対参照**：数式をどの方向にコピーしても、**参照先が固定される**。絶対参照では、列名や行名に「$」が付くのが特徴

一見難しそうに見えますが、ごく身近な例で考えてみると理解しやすくなります。たとえば、目的地がどこかを説明するときを想像してみましょう。

相対参照のイメージ

「目的地は、現在地から西に100mの場所」というように現在地を基点にして、目的地を指定するのが相対参照のイメージです。次の図のように、現在地が変わるたびに目的地が変わります。

「西に100m」と説明する場合

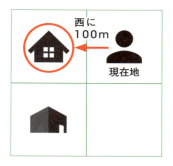

現在地によって、目的地が変わる

絶対参照のイメージ

　一方で、「山田さんの家」と目的地の場所を直接指定（固定）するのが絶対参照のイメージです。この方法で指定すると、現在地がどこであっても目的地は変わりません。

「山田さんの家」と説明する場合

現在地がどこでも、目的地は変わらない

🗔 Excelの画面ではこう動く

　Excelの画面では、相対参照・絶対参照はそれぞれ次のように参照先が動きます。

「相対参照」を使うと参照先セルがずれる

　まずは、相対参照です。たとえば、「=A1」というセル参照を下のセルにコピーすると、「=A2」「=A3」というように、参照先セルが1つずつずれていきます。

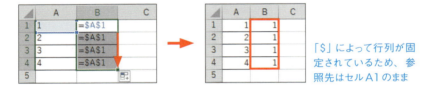

数式に入力されている
セル番号がコピー先に
応じて変わる

「=A1」という数式は、見た目ではセルA1を直接指定しているように見えます。でも、実際には、先ほどの「西に100m」と同じように「**(セルB1から見て)同じ行の1つ左のセル**」を指定するという意味を持っているのです。そのため、コピーすると参照先がずれていきます。

「絶対参照」を使うと参照先セルがずれない

次に、絶対参照は数式で「$A$1」や「$A$1:$B$2」というように、列・行番号それぞれの前に**「$」マークを付ける**ことで、参照先セルを固定します。

たとえば、「=$A$1」という数式を下にコピーすると、コピー先のすべてのセルで「=$A$1」と参照先セルが固定されます。

「$」によって行列が固定されているため、参照先はセルA1のまま

「=$A$1」と数式で指定をすると、先ほどの「山田さんの家」というように「セルA1という目的地」を固定するという意味になります。そのため、参照先セルが固定されるのです。

構成比を求めてみる

1syo-p033.xlsx

ここで、この2つのセル参照を使った例を見てみましょう。実際に操作してみると一発で理解できるので、近くにパソコンがある人は上記の練習用ファイルを使ってぜひ試してみてください。

下の画面にあるように取引先別に売上構成比を求めたいとします。構成比を求める式は「売上金額÷合計金額」です。セルC2を計算するだけなら「=B2/B10」でも支障はないですが、これでは下のセルにコピーした際に計算ミスが生じてしまいます。

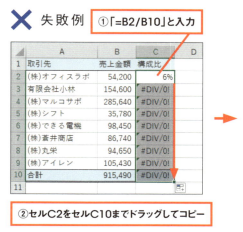

セルC3以降の数式で分母の参照先がB11、B12、B13……と動いてしまい、エラー値が表示された

そこで重要なのが、絶対参照の付け方です。分母にあたる「合計金額」のデータは常にセルB10を参照してほしいので、セルB10に絶対参照（$）を付けて、セル参照を行列ともに固定します。

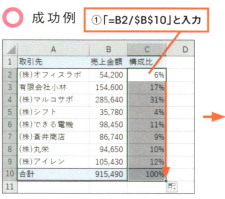

参照先セルがセルB10に固定され、売上構成比を求められた

「行だけ」「列だけ」に絶対参照を付ける

　絶対参照・相対参照の指定は、セルに対してだけでなく、行・列それぞれに対しても行えます。その場合は、**絶対参照にしたい行または列の前にだけ「$」マークを付けます**。たとえば、表の中でA列の見出しを参照したい場合、次のようにセルB1には「=$A1」と入力してコピーします。すると、A列は固定され、行（1、2、3……）はコピー先に連動します。

列だけ絶対参照

「$」によって列が固定されているため、どの列にコピーしても参照先はA列のまま

　逆に、1行目にある見出しを参照したい場合はセルA2に「=A$1」と入れてコピーすると、今度は列（A、B、C……）はコピー先に連動して変化しますが、1行目は固定されます。

行だけ絶対参照

「$」によって行が固定されているため、どの行にコピーしても参照先は1行目のまま

　一般的に、この2つの参照を「**複合参照**」と呼んでいます。本書では、それぞれの参照方法を区別するために、次のように呼びます。

　　$A1：列だけ絶対参照
　　A$1：行だけ絶対参照

　詳しい活用方法は、36ページのCASE1-01で解説しています。練習用ファイルを使って、実際に動かしてみてください。

F4 キーで参照方法を瞬時に切り替える

セル参照は、F4 キーで切り替わります。数式内のセル参照にカーソルを移動し、F4 キーを押して、参照を切り替えましょう。

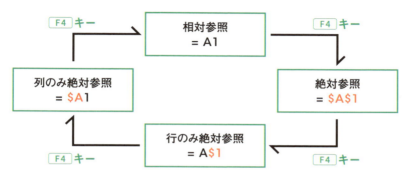

- F4 キーを1回押す　絶対参照　　　「$A$1」
- F4 キーを2回押す　行だけ絶対参照　「A$1」
- F4 キーを3回押す　列だけ絶対参照　「$A1」
- F4 キーを4回押す　相対参照に戻る　「A1」

4回押すと、また相対参照に戻ります。セルの入力を確定した後でも切り替えられるので、参照方法を間違えた場合でも、数式を削除せずに修正できます。

行・列の方向を覚えよう

Excelの勉強をしていると、行・列が縦か横か分からなくなるという声をよく聞きます。その場合は、行・列の漢字の形を見て判断してみましょう。下の図にあるように、「行」という文字には横に向かって、「列」という文字には縦に向かって伸びる線がそれぞれあります。

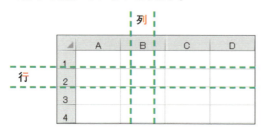

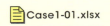 Case1-01.xlsx

CASE 1-01 セル参照を駆使して価格一覧表を作る

マトリックス表の計算

　ここからはケーススタディです。これまでの知識をより深めるため、実務でよく遭遇する事例とともに、練習用ファイルを使って実際に操作してみましょう。

　縦軸と横軸の２つの軸があり、その交点に計算結果を表示する表を「マトリックス表」と言います。売上推移表などさまざまな場面で見かける表の形です。
　この表を効率よく計算するには、「セル参照」の付け方が重要です。次の画面のような縦軸に「単価」、横軸に「数量」が入力された表で、その交点に「単価と数量に対する価格」を計算して価格一覧表を作成してみましょう。

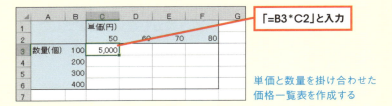

単価と数量を掛け合わせた価格一覧表を作成する

　セルC3だけの計算なら、「=B3*C2」という数式を入れれば価格を求められます。ですが、この数式をセルC3～F6までコピーすると、参照先セルがずれてしまい、正しく計算できません。

✕ **失敗例**

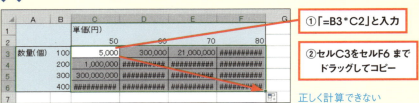

そこで、先ほど入力した数式を「行だけ絶対参照」と「列だけ絶対参照」を使って、数式をコピーしても正しく計算できるようにします。

◯ 成功例

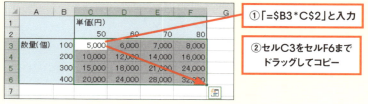

1つの数式をコピーするだけで、すべての価格を計算できた

=$B3*C$2
列だけ絶対参照　行だけ絶対参照

　セルC3に入力した数式を見ると、セルB3（数量）への参照は「$B3」というように列だけ絶対参照、セルC2（単価）への参照は「C$2」というように行だけ絶対参照が入っています。
　なぜなら、数量のデータは「B列」にだけ、単価のデータは「2行目」だけにしか存在しないため、その行列は固定しなければならないからです。こうすることで、どんなに数式をコピーしても、数量の参照先セルは常にB列のみ、単価の参照先セルは常に2行目のみを参照するマトリックス表が完成します。

📋 数式を確認してみよう

　[Ctrl]+[Shift]+[@]キーを押すと、セルの数式を一気に表示することができます（[数式]タブの[数式の表示]ボタンをクリックしても表示できます）。参照を確認すると、すべてのセルに正しい数式が入っていることが分かります。

数量への参照部分は常に「B列」、単価への参照部分は常に「2行目」を参照している

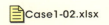

CASE 1-02 入出庫数から在庫数の累計を求めたい

四則演算で累計を求める

次に、足し算の活用術を解説します。関数を使わず、足し算だけを使う計算で、実務でよく出くわすのが「累計の計算」です。たとえば、「前月末の在庫数」と「入出庫数」のデータがあるときに、日次で在庫数を計算する場面を考えてみます。

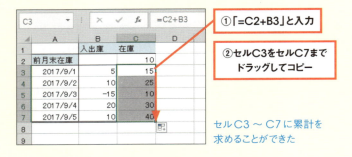

① 「=C2+B3」と入力

② セルC3をセルC7までドラッグしてコピー

セルC3～C7に累計を求めることができた

上の画面のように、「1つ上のセル」と「1つ左のセル」を足す数式を入れ、それを下にコピーすることで累計を計算しています。

たとえばセルC7の数式では、次のようにセルC6（2017/9/4の在庫数）にセルB7（2017/9/5の入出庫数）を足しています。その結果、2017/9/5の在庫数が求められるのです。

セルC7をダブルクリックして数式を確認

1つ上のセルで求めた計算結果に、当日の入出庫数を足して在庫数の累計を求めている

第 2 章

超基本の関数を
ディープに使い倒す

SUM関数

複数セルを合計する SUM関数を 使いこなす

　売上高の集計などで「セルA1 〜 A4」のように複数のセルの合計を求めたい場合、「=A1+A2+A3+A4」のように長い数式をわざわざ手入力するのは面倒です。そのようなときは、複数のセルから合計を計算できる「SUM関数」を使うと、無駄な手入力が省け、計算ミスも未然に防ぐことができます。

✘ 長い数式を手入力　　　　　〇 SUM関数を入力

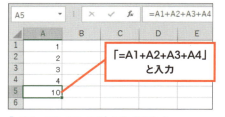

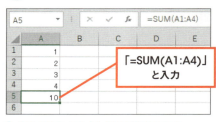

「=A1+A2+A3+A4」と数式を入力　　「=SUM(A1:A4)」とSUM関数を入力

　SUM関数を使うときは、引数に合計したいセルを指定します。SUM関数の書式は以下の通りです。

SUM関数：指定したセルの数値を合計する

SUM(数値1, 数値2, …数値255)

数値：合計したい数値を指定する

セルA1〜A4の合計を求めたいときは、引数に「A1:A4」と指定します。

=SUM(A1:A4)

このように入力することで、セルA1〜A4の合計である「10」を求められます。

当たり前ですが、Excel関数の数式を手入力するには、アルファベットのほかにも数字や括弧、イコール、カンマ (,) などの記号を多く入力することになります。Excelの作業効率を少しでも上げたい人は、アルファベットだけでなく記号などもブラインドタッチができるよう、キーボード操作も練習しておきましょう。

使用頻度が高いので時短技も覚えよう

SUM関数を入力する場面は多いので、効率よく入力できる時短技を2つ紹介します。

オートSUMを使って入力する

1つめは、**オートSUM**です。オートSUMとは、SUM関数を自動的に挿入できる機能のことです。合計値を求めたいセルを選択して、Alt + Shift + = キーを押すとSUM関数が入力できます。マウスを動かさずに、キーボードだけでSUM関数を入力できるので非常に効率的です。

マウス操作では、［ホーム］タブの［オートSUM］ボタンをクリックすると、自動で入力できます。

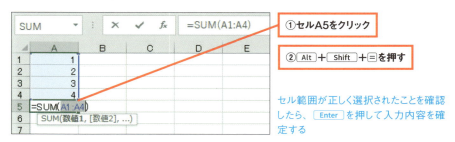

①**セルA5をクリック**

② Alt + Shift + = **を押す**

セル範囲が正しく選択されたことを確認したら、Enter を押して入力内容を確定する

オートSUMは、選択したセルの左または上にあるセルを検索し、そのセルを基点に合計を取るべきセル範囲をExcelが自動で判断します。ただし、途中で空欄がある表は、うまく計算できないこともあります。数式のセルを確定する前に、セル範囲が正しいかどうかを確認しましょう。

マウスを使わずに数式を手入力する

　ショートカットキーを駆使すると、オートSUMを使わなくても素早くSUM関数を入力できます。

　特に、セル範囲の指定には**ショートカットキー**が便利です。ドラッグして指定する方法や、セル番号を直接入力する方法など、セル範囲の指定にはさまざまな方法がありますが、指定したいセル範囲のすべてにデータが入力されている場合は、下の画面のように Ctrl + Shift + ↑（→↓←）キーを押してセル範囲を指定する癖を付けておきましょう。基本的にはマウス操作でも問題ありませんが、大きな表の上から下までを選択したいときでも一瞬で選択できるので、マウスでいちいちドラッグするよりも断然便利です。

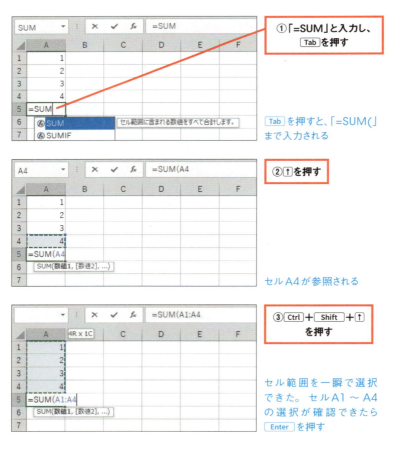

関数の達人になるためのショートカットキー

　ほかにも、セルの選択やデータの入力をするときに便利なショートカットキーを紹介します。1回でも実際に操作すれば必ずマスターできるので、ぜひ試してみてください。

表全体を簡単に選択するには

表全体が選択された

離れたセルを同時に選択するには

離れたセル範囲が同時に選択された

効率よく表に入力するには

Tab を押すと、右のセルへ移動した

CASE 2-01 上期と下期の合計を簡単に求めたい

離れたセルの合計

　ここからはケーススタディです。実務でどのようにSUM関数を活用すると便利なのか、具体例を見ながら学んでいきます。

　まずは、下の画面にある「上期合計（セルC5）」と「下期合計（セルC9）」の合算のように、「離れたセルの合計」を求めてみましょう。

　ここでは、2つの求め方を紹介します。1つめは、SUM関数を入力し、Ctrl キーを押しながら離れた2つのセルを指定する方法です。2つめは、Alt ＋ Shift ＋ ＝ キーを押してオートSUMで求める方法です。Excelの操作が可能な人は、練習用ファイルを使って実際に試してみてください。

SUM関数を入力して求める

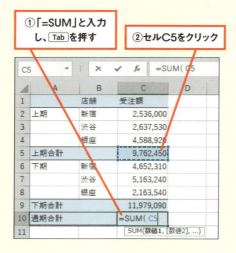

①「=SUM」と入力し、Tab を押す
②セルC5をクリック
③ Ctrl を押しながらセルC9をクリック
④ Enter を押す

通期の合計が求められた

オートSUMを使って求める

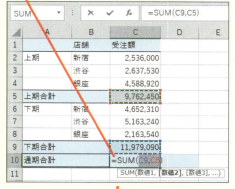

オートSUMを実行すると、上期合計（セルC5）と下期合計（セルC9）が自動で選択された

②セル範囲が正しく参照されていることを確認し、Enterを押す

通期の合計が求められた

　オートSUMを使うと、SUM関数が入力されているセル（セルC5とセルC9）だけを自動で集計できます。このように、散らばった小計同士を合計するときには効果を発揮します。

　一方で、指定するセルが小計でないときは離れたセルの合計をオートSUMで求めることはできません。そういうときは、1つめに紹介したSUM関数を入力する方法を使います。たとえば、「上期の新宿（セルC2）」と「下期の新宿（セルC6）」の合計を求めたいときには、Ctrlキーを押しながらセルを指定することで計算できます。

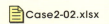

CASE 2-02 シート別に集計された店舗の売上金額をまとめて合計するには

くし刺し集計

先ほどは離れたセルの合計でしたので、今度は「別々のシートにあるセルの合計」を求めてみましょう。次のように、「東京本店」「千葉支店」「埼玉支店」の売上金額がシートごとに記録されているとします。ここでは、この3つの店舗を集計した「全店舗」の売上金額をSUM関数を使って計算してみます。

[東京本店]シート

	A	B	C
1	東京本店		
2		金額	
3	前期	125,503	
4	後期	150,856	
5			

[千葉支店]シート

	A	B	C
1	千葉支店		
2		金額	
3	前期	103,252	
4	後期	135,485	
5			

[埼玉支店]シート

	A	B	C
1	埼玉支店		
2		金額	
3	前期	103,252	
4	後期	143,512	
5			

[全店舗合計]シート

	A	B	C	D
1	全店舗売上合計			
2		金額		
3	前期	332,007		
4	後期			
5				
6				

複数シートに分かれた3店舗分のセルB3の合計を[全店舗合計]シートにまとめたい

数式を入力するときにシートごとにセルB3を参照していたら大変です。もし、支店が47店舗あればシート数も47になり、それだけで気が遠くなる作業です。そこで次の手順のように、各シートのセルB3をまとめて参照してみましょう。

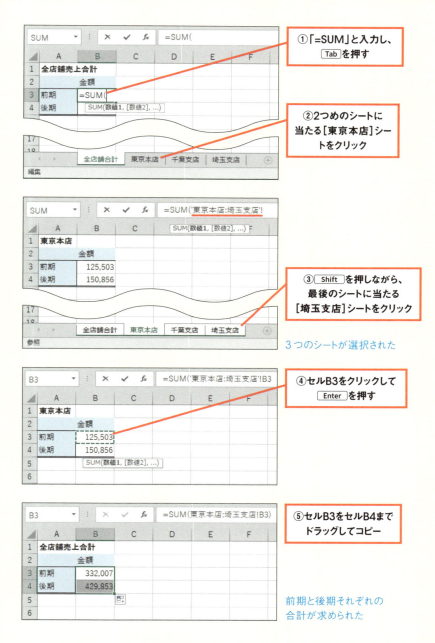

　［東京本店］シートから［埼玉支店］シートまですべての店舗のシートを選択してからセルB3をクリックすると、各シートのセルB3が合計されました。このような複数シートの合計を「くし刺し集計」と呼びます。

CASE 2-03 入出荷の情報から月末の在庫を求める

SUMと負の数

次に、「負の数」を使って複雑な数式をシンプルにするテクニックを解説します。たとえば、ある月の在庫増減表を作りたい場合、下の画面のようにすべてのデータを「正の数」にした表を作るのがほとんどだと思います。そして、「月末在庫（E列）」を求めるには下の式で求めるのが普通でしょう。

＝月初在庫＋入荷－出荷

「=B2+C2-D2」と入力

セルE2を下にコピーすると、商品ごとの月末在庫が求められた

上記の式でも問題はないのですが、足し算と引き算が混ざって複雑な式になってしまいます。そこで、より単純な数式で求められる方法を紹介しましょう。
それは、引くべき数を「－」（マイナス）の数値（負の数）で入力しておくテクニックです。ここでは出荷（D列）の数値がそれに当たります。

データの頭に「-」を入力

E2			fx	=SUM(B2:D2)		
	A	B	C	D	E	F
1	商品名	月初在庫	入荷	出荷	月末在庫	
2	りんご	100	250	-268	82	
3	みかん	105	203	-249	59	
4	すいか	92	304	-258	138	
5	キウイ	80	492	-430	142	
6	メロン	93	329	-409	13	
7						

「=SUM(B2:D2)」を入力

セルE2を下にコピーする。D列を負の数で入力すれば、SUM関数で月末在庫が求められる

このように元データを変更することで、E列に入力する数式はSUM関数を1回使うだけの簡単な数式で済むので、計算ミスなども未然に防げます。

こうした工夫は、SUM関数だけではなく、SUMIFS関数でも非常に効果的です。CASE5-07でも、負の数に変換して計算する事例を紹介しています。

CASE5-07 SUMIFSのマトリックス型…P.163

活用のヒント 正の数(+)を負の数(-)に変換するには

正を負に変換するには、下の画面のように、列（E列）を1つ追加して計算します。すると、月末在庫（F列）の計算をするときにD列が不要になります。そのまま削除すると、D列を参照しているE列がエラーになるので、E列をコピーして［値］として貼り付け直してから削除しましょう。

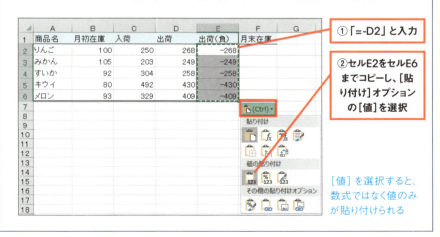

① 「=-D2」と入力

② セルE2をセルE6までコピーし、[貼り付け]オプションの[値]を選択

[値]を選択すると、数式ではなく値のみが貼り付けられる

CASE 2-04 月別と商品別の合計を一気に求める

縦横の合計

　最後に、もう1つオートSUMの使い方を紹介します。たとえば下の画面のような、商品別・月別に集計された商品の売上本数の表があるとします。このような表では、商品ごとに求める横軸の合計と、月ごとに求める縦軸の合計があるため「2方向の合計」が必要です。

　この場合も、オートSUMが使えます。セルB2 ～ E8を選択して Shift ＋ Alt ＋ = キーを押すだけですべての合計値が計算できます。

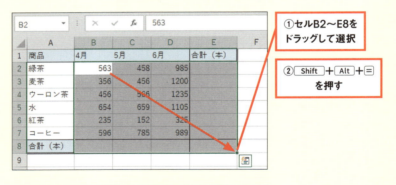

① セルB2～E8を
ドラッグして選択

② Shift ＋ Alt ＋ =
を押す

縦横の合計を一発で
求められた

第 3 章

効率化のカギは
条件分岐である

IF関数

どんな条件も導ける IF関数を極めよう

　IF関数とは、条件分岐を行う関数です。たとえば、「60点以上なら合格、それ以下のときは不合格」というように、条件によって導く答えを変えることができます。
　IF関数を使いこなすためには、まずこの**条件分岐**とはどういうものなのかを理解しておく必要があります。条件分岐はExcelの中だけの概念ではなく、日常生活や仕事の中でもたくさん出てきます。

①歩行者の信号
「信号が青」のときは「進む」
「信号が赤」のときは「止まる」

②電車の切符
「中学生以上」のときは「おとなの切符を買う」
「小学生」のときは「こどもの切符を買う」
「小学校に入学前」のときは「切符は買わない」

③送料の計算
以下のように、発送先や荷物の大きさにより送料が変化する

大きさ	関東	北海道・東北	中部・関西	四国・中国・九州
手さげ袋	700円	850円	800円	1,100円
ダンボール	900円	1,050円	1,000円	1,300円

この3つの例は、2択や3択など条件の複雑さに違いはありますが、すべて「条件分岐」です。条件に応じて、結果・行動が変わっています。Excelの処理でも、このような「条件に応じて」処理を変えたいときにIF関数が使えます。
　IF関数を使えると、条件に合うか合わないかをExcelが自動で判断してくれるので、人が行うよりも迅速かつ正確な処理（書類作りなど）ができるようになります。数式さえ組めるようになれば、あとはコピーするだけなので、データが大量であればあるほど便利です。次に、IF関数の書式を紹介します。

IF関数の書式

> **IF(論理式, 真の場合, 偽の場合)**
>
> **論理式**: 判断するための条件を指定
> **真の場合**:（論理式に）当てはまるときの表示内容を指定
> **偽の場合**:（論理式に）当てはまらないときの表示内容を指定

　論理式とは「条件を表す式」のことです。詳しくは次のページで解説しますが、「条件を表す式」のイメージは次のようなものです。

- 「A2=2」→セルA2は2と等しい
- 「A2>2」→セルA2は2より大きい

　「論理式」という単語に取っつきにくさを感じる場合には、頭の中で「条件」と置き換えてみると、考えやすくなるかもしれません。IF関数を使って、たとえば「60点以上なら合格、それ以外のときは不合格」を判定したいときは、以下のように考えて数式を組みます。

053

```
=IF(B2>=60,"合格","不合格")
      ①       ②      ③
```

	A	B	C
1	科目	点数	合否
2	国語	80	合格
3	英語	50	不合格
4	数学	70	合格
5	社会	60	合格
6	理科	59	不合格

①上記の関数を入力

②セルC2をセルC6までドラッグしてコピー

IF関数を使って、結果に応じた合否の判定ができた

6つの記号で論理式を作る

　IF関数の数式を組む上で一番ポイントになるのは、論理式です。論理式は、原則として、次の6種類の記号のどれかを使って作っていきます。

6種類の記号と意味

記号	例	意味	範囲
=	A1=3	セルA1が3と等しい（A1=3）	
<>	A1<>3	セルA1が3と等しくない（A1≠3）	
<	A1<3	セルA1が3より小さい（A1<3）	
<=	A1<=3	セルA1が3以下（A1≦3）	
>	A1>3	セルA1が3より大きい（A1>3）	
>=	A1>=3	セルA1が3以上（A1≧3）	

当てはまる ──────　当てはまらない ------

　上の表の「範囲」列で「3」に青丸が付いている場合は、セルA1が「3」と等しい場合も条件に当てはまります。逆に赤丸が付いている場合は、セルA1

が「3」と等しい場合は条件に当てはまりません。混乱しやすいところなので、「含む」と「含まない」の使い分けには気を付けましょう。

「より大きい」「超」「より小さい」「未満」は等しい場合を含まないので「>」「<」に相当します。逆に、「以上」「以下」は等しい場合を含むので「≧」「≦」に相当します。また、条件には数値だけでなく、「A1="東京"」（セルA1に「東京」と入力されている）というように、文字データも指定できます。

活用のヒント　データの種類のばらつきに要注意

たとえば、セルA1とセルB1の入力内容が一致しているかどうかを調べることを考えます。セルC1に「=IF(A1=B1,"一致","不一致")」という数式を入れると、セルA1とセルB1が同じデータであれば「一致」、異なるデータであれば「不一致」と表示させることができます。

ところが、次の画面を見ると、セルA1とセルB1は同じデータが入力されているように見えるのに、セルC1には「不一致」と表示されています。

実は、セルA1とセルB1にはどちらも「1」が入っていますが、片方は数値、もう一方は文字列というように「データの種類」が異なっているのです。

「データの種類」が異なると、見た目はまったく同じでも、違うデータだと判断されて「不一致」が表示されてしまいます。

思わぬ判定ミスにつながることもあるので、[論理式]で指定する条件は、データの種類をそろえておくようにしましょう。

鉄則①「Excelで扱う値（データ）は4種類」…P.024

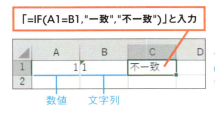

「=IF(A1=B1,"一致","不一致")」と入力

一見同じデータに見える値でも、データの種類が異なると、IF関数では「一致」ではなく「不一致」と判定される

条件分岐を自分のモノにする2つのステップ

IF関数を使えば簡単に解決できる作業を、こつこつと手入力で行っている人をよく見かけます。実務で条件分岐が出てくる場面は、「60点以上なら合格、それ以外は不合格」というような単純なケースだけでなく、「利益が前月比で±20％以上の商品に印を付ける」「評価をABCで判定する」といった複雑な状況までさまざまです。これらはいずれもIF関数で解決できるのですが、慣れていないと、何をどう使えばいいか分からず混乱してしまうのです。

そこで、IF関数の数式が格段に組みやすくなる考え方を順序立てて紹介します。

STEP1：表示させたい結果は何通りあるか

最初に、条件に応じて表示させたい結果が何通りあるかを考えましょう。

左上の図のように、表示させたい結果が2通りの場合には、単純にIF関数を使うだけで解決します。一方、右上の図のように、表示させたい結果が3通り以上のときもあります。IF関数は1つの式で2通りの結果しか導けないため、そんなときは、IF関数の入れ子を使うなどの工夫が必要になります。

STEP2：条件（論理式）を考える

次に、表示結果を分岐させたいときの条件を考えます。

前述したように、IF関数で表現できる条件は、基本的に「○＝△」「○≠△」「○＜△」「○≦△」「○＞△」「○≧△」の6つの形です。まずは、この6つの形を使って、条件を表現できないかを考えましょう。

例：「売上高が10,000円以上」→「売上高≧10,000」

この形1つで表現できないときは、「○○または△△」「○○かつ△△」など、「または」「かつ」で6つの形をつないで表現します。

たとえば、「売上高が1万以下、または2万以上」の場合は、OR関数とAND関数を使って「または」「かつ」の条件を作ります。詳しくは、CASE3-05、CASE3-06で解説します。

例：「売上高が10,000以下、または20,000以上」
　　→「OR(売上高≦10000, 売上高≧20000)」

活用のヒント　まずは日本語で説明できるようになる

IF関数に限った話ではありませんが、数式を組むための最大のコツは、**「データを使って、どんな作業をしたいのか」を日本語で説明できるようになる**ことです。たとえば、日本語で「セルA1が1万以上」というように、条件の説明ができれば、「A1>=10000」と簡単に数式で表現できます。

また、日本語で説明できると、どの関数を使えばいいかがおのずと見えてきます。IF関数の場合、**「Aのときは○○、Bのときは××」**のように条件に応じて結果を変える形が出てきたら、それはIF関数のサインです。関数を使う前に、目の前の業務を日本語で説明することが上達のポイントです。

IF関数の「3つの型」を掴んで仕事に生かす

　一口に「条件分岐」と言っても、IF関数を使う場面はさまざまです。先ほどの2つのステップを元に、実務で遭遇するIF関数の用途を3つの型に分類して紹介していきます。まずは、Excelの数式を使わずに、日本語で考え、図解でイメージを理解しましょう。実際にどのように数式化していくかは、この後のケーススタディで具体的に解説します。

基本型（表示させたい結果が2通りの場合）

　表示させたい結果が2通り（いわゆる2択）の場合は、次の日本語で考えられます。

Aのときは〇〇、それ以外のときは××

　たとえば、送料の計算で「配送先が東京のときは500円、それ以外のときは600円」という条件分岐をしたい場合、下の図ように整理してみましょう。

CASE3-01：目標金額を達成した担当者に「達成」と表示したい（P.061）
CASE3-02：支払金額に応じて支払い方法を変える（P.064）

Aのときは○○、Bのときは××（「それ以外」がないとき）

　2択の中には、配送先が東京のときは500円、大阪のときは600円」というように「Aのときは○○、Bのときは××」の形をしている場合もあります。そんなときは、どちらかの条件を「**それ以外のときは**」と言い換えてみると、基本型の図に当てはめることができます。

　　配送先が東京のときは500円、**大阪のときは**600円
→配送先が東京のときは500円、**それ以外のときは**600円

　CASE3-03: 日付の情報から「○○年度」を計算する（P.067）

入れ子型（表示させたい結果が3通り以上の場合）

Aのときは○○、Bのときは△△、Cのときは××

　たとえば、「配送先が東京のときは500円、大阪のときは600円、名古屋（それ以外）のときは550円」というように、表示させたい結果が3通り以上になった場合は、IF関数を「**入れ子**」にして使います。

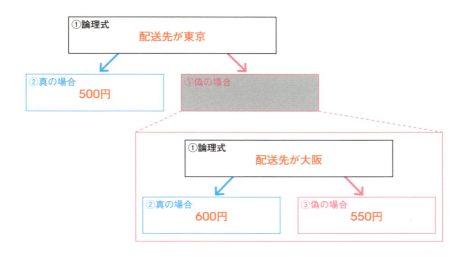

　CASE3-04: ボリュームディスカウントの割引率を求める（P.072）

複雑条件型（条件が複雑になった場合）

　今度は「Aのとき」というシンプルな条件ではなく、「AまたはBのとき」「AかつBのとき」など、条件（論理式）が複雑になった場合です。
　「または」「かつ」の条件は、**OR関数**と**AND関数**で表現していきます。

AまたはBのとき○○、それ以外は××

　たとえば、「配送先が東京、**または**配送先が埼玉のときは500円、それ以外のときは600円」という条件を指定したいときは次のように表せます。

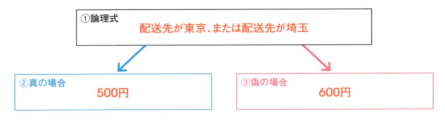

CASE3-05: 前月比で著増減がある行に「＊」を付ける（P.076）

AかつBのときは○○、それ以外は××

　また、「配送先が東京、**かつ**重さが3kg以下のときは500円、それ以外のときは600円」のように「かつ」を使った条件分岐もほぼ同じ図になります。

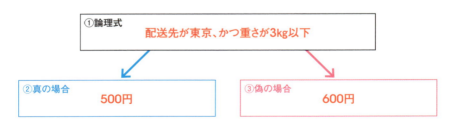

CASE3-06: 出荷予定日を過ぎた行に「未出荷」と表示する（P.079）

　複雑条件型は、論理式の部分が複雑になっただけで、図の形は「基本型」とまったく同じです。

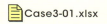

CASE 3-01 目標金額を達成した担当者に「達成」と表示したい

IFの基本型

ここからは、IF関数を実務で活用するケーススタディです。まずは、IF関数の「基本型」について詳しく解説していきます。

たとえば、次のような担当者別の営業成績表で、目標達成率が100％以上の成績を残した人にだけD列に「達成」と表示したいとします。

例：目標達成率が100％以上なら「達成」と表示

	A	B	C	D	E
1	担当者	営業成績	目標達成率	判定	
2	山田	12,350	124%		
3	佐藤	5,210	52%		
4	加藤	12,562	126%		
5	伊藤	23,664	237%		
6	田中	6,582	66%		
7					

C列の目標達成率が100％以上の担当者がいれば、D列に「達成」と判定を表示したい

まずは日本語で考える

今回の処理を改めて日本語で考えてみると、「目標達成率が100％以上のときは『達成』と表示し、それ以外のときは何も表示しない」と表現できます。ここで表示したい答えは「達成」と「何も表示しない（空欄）」の2通り（2択）なので、IF関数の基本型が使えると分かります。

実際に図で情報を整理してみると、次のようになります。

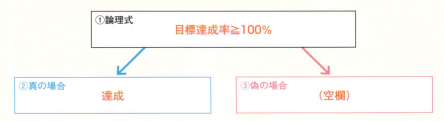

第3章 効率化のカギは条件分岐である　IF関数

IF関数の数式を作る

下の図（前ページと同じ図です）を使って、セルD2に入力する式を考えてみましょう。

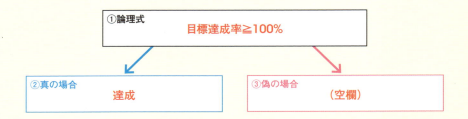

ここで何点か、数式を作るときに気を付けるポイントを紹介します。

論理式では「以上」を表すのに「≧」という記号を使っています。一方で、Excelの数式では「>=」という記号を使います。あとは「目標達成率」を「C2」と置き換えて、「C2>=100%」と入力しましょう。

次に、数式に文字列を入力する場合は「"」（半角のダブルクォーテーション）で囲みます。「達成」とそのまま入力せずに「"達成"」と入力してください。また、空欄は文字列がないことを示したいので「""」と指定します。

=IF(C2>=100%,"達成","")
　　①　　　　②　③

下の画面のように、この数式をセルD2に入力してコピーすると、目標金額を達成した担当者にだけ「達成」と表示されます。

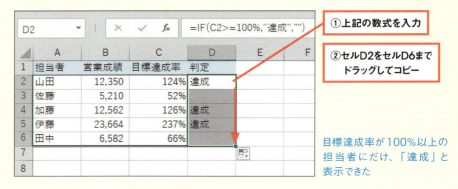

活用の ヒント 目標達成率が100%以上のときだけ色を変えたい

条件によってセルの書式を変更したいときは、IF関数ではなく**条件付き書式**が便利です。

条件付き書式を設定すると、文字通り、指定した条件によって自動で背景色や文字色などの書式を変えられます。設定後は、データに変更があるたびに、条件の書式が反映されます。今回のCASEを使って、次の手順を実践してみましょう。

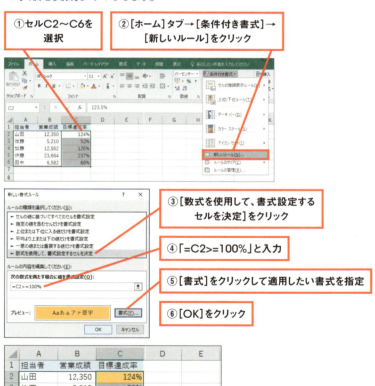

目標達成率が100%以上のセルだけに色を付けられた

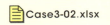

CASE 3-02 支払金額に応じて支払い方法を変える

IFの基本型

　会社によっては、仕入代金を支払うときに、支払金額に応じて代金の支払い方法を変えるときがあります。たとえば、あなたの会社では仕入代金を管理する際に次のようなルールで支払い方法を決めているとしましょう。

支払い方法のルール

支払金額	支払い方法
50万円以下	全額振込払い
50万円超	50%手形払い、50%振込払い

　このルールを使って、仕入先別の支払金額をExcelの表にしたのが下の画面です。支払金額に応じて、支払い方法別の「支払額の計算方法」が変わっているのが分かると思います。そこで、IF関数を使って、それぞれの仕入先に対して、手形払い・振込払いで、それぞれいくら支払うべきかを計算していきます。

例：支払金額が50万円超の場合は50%を手形払い

	A	B	C	D
1	仕入先	支払金額	手形払い	振込払い
2	(株)リシェア	2,304,950	1,152,475	1,152,475
3	(株)スカイ企画	409,438	0	409,438
4	ATI(株)	6,054,398	3,027,199	3,027,199
5	エネオン(株)	7,509,846	3,754,923	3,754,923
6	(株)ソレイユ	98,549	0	98,549
7				

たとえば「(株)リシェア」では、支払金額が50万円を上回るので、手形払いと振込払いにそれぞれ支払金額の50%が割り振られている

手形払いの計算を日本語で考える

まずは、「手形払い」の金額の計算方法を考えます。

手形で支払うべき金額は「支払金額が50万円以下のときは『0』、それ以外のときは『支払金額×50％』」です。これをIF関数の図で表すと、次のようになります。

上の図をIF関数で数式化します。セルC2に入れる数式は「支払金額」を「B2」、「≦」を「<=」に置き換えると次のようになります。

> **ポイント**
>
> 「B2*50％」を計算すると端数が出る可能性があります。実務では必ず、ROUND関数を組み合わせて計算しましょう。
> 端数処理する場合は、セルC2に「=IF(B2<=500000,0,ROUND(B2*50%,0))」と入力します。ROUND関数については、209ページを参照してください。

これで、手形払い分の金額を求めることができました。次は、D列の「振込払い」の計算を考えます。

振込払いの金額を計算しよう

次に、「振込払い」の金額を計算します。「手形払い」と同じように考えてみると、振込で支払うべき金額は「支払金額が50万円以下のときは『支払金額（全額）』、それ以外のときは『支払金額×50%』」となります。あとは、これを数式化すれば、確かに正しい数式がセルD2に入力できます。

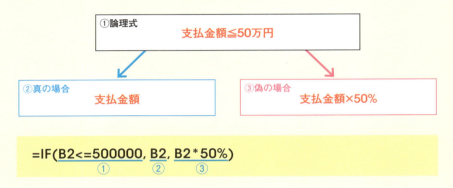

その条件分岐、本当に必要ですか？

上記では、IF関数を使って振込払いの金額を計算しましたが、今回のケースはIF関数を使わなくても計算できます。というのは、振込払いの金額は常に「総支払金額（B列）－手形払いの金額（C列）＝振込払いの金額（D列）」という引き算で計算できるからです。

結果、次の単純な引き算でも金額が求められます。

このように単純な数式で済むのなら、無駄な条件分岐はしない方が得策です。「本当に条件分岐が必要なのか？」と常に考える癖を付けましょう。

CASE 3-03 日付の情報から「〇〇年度」を計算する

IFの基本型

次のケーススタディは、日付から年度を計算する方法です。次の表のように、年・月・日の情報がA〜C列に入っているときに、D列に「年度」を計算してみましょう。

例：日付の情報から年度を求めたい

	A	B	C	D	E
1	年	月	日	年度	
2	2017	1	2	2016	
3	2017	3	31	2016	
4	2017	4	1	2017	
5	2017	12	31	2017	
6	2018	3	30	2017	
7	2018	4	5	2018	
8					

「年」「月」「日」から年度を求めたい

上の画面のように、年月日と年度は以下のように対応しています。

- 2016年4月1日〜2017年3月31日 → 「2016年度」
- 2017年4月1日〜2018年3月31日 → 「2017年度」
- 2018年4月1日〜2019年3月31日 → 「2018年度」

この対応を元に、セルD2〜D7に入力する数式を考えていきます。
数式がパッと思い浮かぶのなら問題ありませんが、どういう数式を入れたらいいかアイデアが湧かないときは、とりあえず、いくつか具体的なデータを入れて、年月日と年度の関係がどうなっているか探りましょう。

具体的に手を動かして「関係」を見つける

　今回の場合、まずは2017年1月～12月までの月初の日付を使って、「年度（D列）」を手入力してみました。A～C列とD列を見比べて何か関係がないか考えてみましょう。

試しに各月のデータを作ってみる

	A	B	C	D
1	年	月	日	年度
2	2017	1	1	2016
3	2017	2	1	2016
4	2017	3	1	2016
5	2017	4	1	2017
6	2017	5	1	2017
7	2017	6	1	2017
8	2017	7	1	2017
9	2017	8	1	2017
10	2017	9	1	2017
11	2017	10	1	2017
12	2017	11	1	2017
13	2017	12	1	2017

1月から3月までは「年－1」＝「年度」

4月から12月までは「年」＝「年度」

1月から3月までは、A列に入力された「年」から1を引いた「年－1」の数値が「年度」になる。また、4月から12月までは、「年」と同じ値が「年度」になっている

　上の画面を見ると、1月～3月は「年－1」とすれば年度が求められることが分かります。4月～12月に関しては、「年」に入力されている値がそのまま年度になっています。つまり次のような関係であることが分かります。

- 月が1月～3月のときは「年－1」を表示
- 月が4月～12月のときは「年」を表示

　さっそく、「Aのときは○○、Bのときは××」という表現が出てきました。これはIF関数が使えるという合図です。

「それ以外のときは」に言い換えられないか？

　今回の関係を見ると、結果は「年－1」と「年」の2通りであり、「Aのときは○○、Bのときは××」という基本型の形をしています。
　ただし、「それ以外」という表現が出てきていません。そこで「4月～12月」という条件を「それ以外のときは」に言い換えてみましょう。

- 月が1月～3月のときは「年－1」を表示
- **それ以外のときは**「年」を表示

これで、IF関数の基本型の図に当てはめられるようになりました。

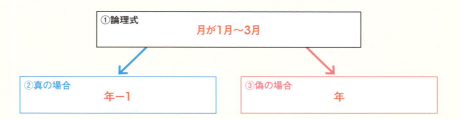

「月が1月～3月」をどう表現するか

　次に、「月が1月～3月」という条件を数式（論理式）に直していきます。IF関数の数式で[論理式]を指定するときには、「○＝△」「○≠△」「○＜△」「○≦△」「○＞△」「○≧△」という表現に変えなくてはなりません。では、このIF関数のルールに従うと、「月が1月～3月」はどう表せるでしょうか？ ここは関数に慣れていない人がよくつまずくポイントです。
　素直にこの条件を論理式に直すと、後述するAND関数やOR関数を使う数式になりがちです。ただ、最終的な数式は複雑になってしまいます。そこで、月には「1」より小さい数字は入らないので「1月～3月」を「3月まで」と言い換えましょう。
　「3月まで」は、一般的には、「月≦3」または「月＜4」と表現します。この2つの違いを図解すると、次ページの図のようになります。

条件はシンプルな表現が好ましい…P.082

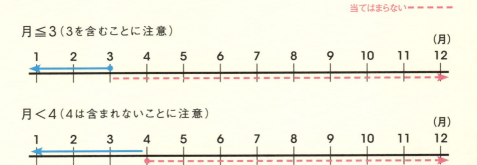

表している範囲に若干差はありますが、どちらも条件に入力したい「月が1月～3月のとき」をきちんと表現できているのが分かります。

ここまでできたら、あとはIF関数の数式を組むだけです。まずは図を使って引数に入れる情報を整理していきましょう。ここでは条件に「月≦3」を使います。

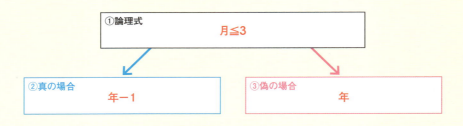

情報を整理できたら、上の図を数式化します。

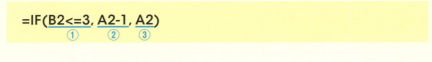

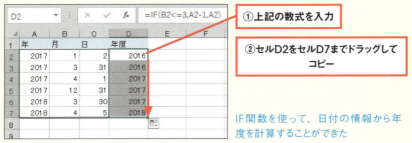

① 上記の数式を入力

② セルD2をセルD7までドラッグしてコピー

IF関数を使って、日付の情報から年度を計算することができた

このケーススタディで覚えてほしいことは、「数式が思いつかないときは、実際に求めたい結果を手入力してみよう」ということです。
　いくつか具体例を見てみることで、計算のイメージが膨らみ、どういう関係があるのか予測しやすくなります。その関係が分かってしまえば、どういう数式を入力すればいいのかも自然と浮かぶようになるのです。

活用のヒント

「年月日」が1つのセルに入力されている表の場合

　もし、「年月日」のデータが「2017/3/1」のように1つのセルに入っている場合は、YEAR関数、MONTH関数、DAY関数を使って年・月・日を分離しましょう。

　たとえば、A列にデータが入っているならば、その隣に列を挿入し、それぞれにYEAR関数、MONTH関数、DAY関数を入力します。これらの関数は日付データから年・月・日を取り出す関数です。1列右にずれていることを除きCASE3-03とまったく同じ方法で「年度」を計算できます。

日付処理で役立つ4つの関数…P.200

例：日付から年・月・日を取り出す

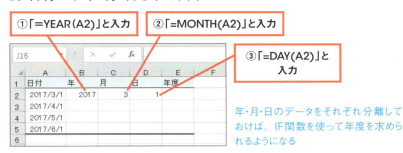

① 「=YEAR(A2)」と入力
② 「=MONTH(A2)」と入力
③ 「=DAY(A2)」と入力

年・月・日のデータをそれぞれ分離しておけば、IF関数を使って年度を求められるようになる

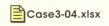

CASE 3-04 ボリュームディスカウントの割引率を求める

IFの入れ子型

　ここでは、結果が3通り以上になるときに、どのようにIF関数を使うかを紹介します。あるお店で取り扱っている商品は、販売数に応じて、次の表のように割引率が変わります。そこで、数量に応じた割引率を表示させてみましょう。

ボリュームディスカウントの基準

数量	1〜10個	11〜30個	31個〜
割引率	0%	2%	3%

例：基準に従って割引率を計算したい

	A	B	C	D
1	商品名	販売単価	販売数量	割引率
2	便箋	200	41	
3	シール	150	25	
4	便箋	200	10	
5	ノート	100	30	
6				

C列の販売数量に応じて、D列の割引率を求める

3通り以上の条件分岐はIF関数を入れ子にする

　今回は、「1〜10個のときは割引なし、11〜30個のときは2%の割引、31個以上のときは3%の割引」というように条件分岐が3通り（3択）に分かれています。これまで述べてきたように、IF関数では**「条件に当てはまるか、当てはまらないか」の2通り（2択）にしか分けられない**ため、工夫が必要です。
　このようなときは、IF関数を2回使って、IF関数の中にもう1つIF関数を「入れ子」にして計算します。

1つめのIF関数を考えてみよう

最初に「1〜10個のとき」と「それ以外のとき」に条件分岐させます。

ここでポイントとなるのが、「1〜10個」という条件をどう表現するかです。素直に書くと「数量≧1かつ数量≦10」となりますが、考えてみると「数量≧1」は当たり前です（商品を販売する場面ですから、絶対に1個以上は販売しているはずです）。ですから、今回はその条件を省いて、「数量≦10」だけを残します。

1つめのIF関数は、次の図のように表せます。なお、当てはまらないときの処理は、今の段階では書けないので、いったん後回しにします。

10個以下は0%、それ以外のときは〇〇

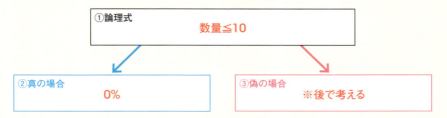

［偽の場合］に2つめのIF関数を入れる

次に、後回しにした［偽の場合］の処理を考えます。ここではまだ何も手を付けていない「11〜30個」と「31個〜」を条件分岐するため、2つめのIF関数を使います。

数量	1〜10個	11〜30個	31個〜
割引率	0%	2%	3%

2つめのIF関数では、「11〜30個のとき」と「それ以外のとき」に条件分岐をします。この条件を素直に書くと「数量≧11かつ数量≦30」となります。ただ、10個以下の数量に関しては、1つめの条件分岐で割引率0％が適用されており、すでに処理済みです。そのため、「数量≧11」の条件は省くことができます。
　よって、2％と3％の割引率を分けるには、「数量≦30」という式だけで十分ということになります。

30個以下は2％、それ以外のときは3％

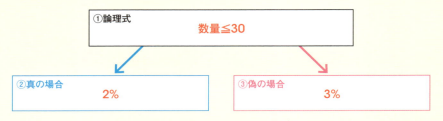

2つのIF関数を組み合わせて数式化

それでは2つのIF関数を入れ子型に整理していきましょう。

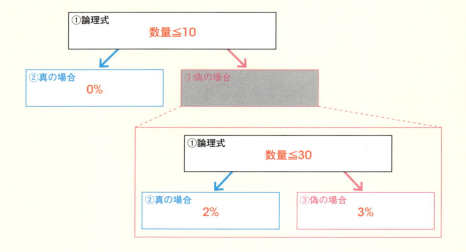

IF関数を組み合わせた入れ子型の図を、数式化したものがこちらです。

=IF(C2<=10,0%,IF(C2<=30,2%,3%))

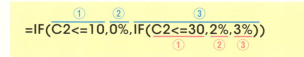

①上記の数式を入力

②セルD2をセルD5までドラッグしてコピー

販売数量に応じて、割引率を求めることができた

活用のヒント

入れ子しなくていい新関数が登場！

Excel 2016で追加された「IFS(イフス)関数」を使うと、入れ子しなくても数式を組むことができます。もしExcel 2016が最新版でない場合は、使えないことがありますので注意してください。

IFS関数：複数の条件を順に結果を返す

IFS(論理テスト1,値が真の場合1,論理テスト2,値が真の場合2,論理テスト3,値が真の場合3,……)

=IFS(C2<=10,0%,C2<=30,2%,TRUE,3%)

IFS関数が使える環境であれば、ぜひ試してみてください。

075

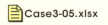

CASE 3-05 前月比で著増減がある行に「*」を付ける

IFの複雑条件型（ORを使用）

ここでは、60ページで紹介した「複雑条件型」を実践しましょう。この型を理解できると、IF関数の使い道がぐんと広がります。

今回は、D列の前月比が±20％以上の増減のときにだけ「*」を付けます。

例：前月比±20％以上の増減に印を付ける

	A	B	C	D	E
1	売上先	前月売上	当月売上	前月比	20%以上増減
2	(株)オフィスラボ	230,950	332,876	144.1%	
3	有限会社小林	543,028	426,295	78.5%	
4	(株)マルコサボ	304,986	474,299	155.5%	
5	(株)シフト	413,406	397,426	96.1%	
6	(株)アイレン	924,357	426,923	46.2%	
7	(株)エッジ	394,875	453,980	115.0%	
8	エムメディカル(株)	734,589	839,868	114.3%	
9	(株)大田尾	324,095	529,827	163.5%	
10					

今回のような売上額の前月比では、対前月での増減幅が大きい（＝著増減がある）相手先を把握し、必要に応じてさらに細かい分析を行います

複雑条件型の肝は「論理式」

今回の作業を日本語で表現すると、「前月比に±20％以上の増減があるときは『*』を表示し、それ以外のときは何も表示しない」です。

これまでの基本型と決定的に違うのは、「±20％以上の増減」という条件です。この条件を論理式に落とし込むのが、今回のケーススタディの肝になります。

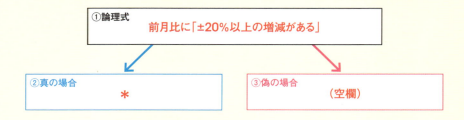

条件が複雑で分かりにくいと思うので、数直線などで図解しながら考えていきましょう。「前月比が±20%以上の増減」なので、100%を基準として考えます。

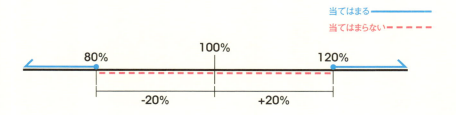

　上記の青色の部分が、今回の条件に「当てはまる」部分です。そこで、この青色の部分の条件を1つ1つ考えていきます。

- 20%以上の減少 → 前月比≦80%
- 20%以上の増加 → 前月比≧120%
- ±20%以上の増減 → 前月比≦80%　または　前月比≧120%

「または」はOR関数を使う

　「±20%以上の増減」を言い換えると、「前月比≦80%または前月比≧120%」になることが分かりました。
　このように「または」が条件に含まれるときはOR（オア）関数を使います。

OR関数：いずれかの条件が満たされているか調べる

```
OR( 論理式1 , 論理式2 , … )
     ①       ②
```

　今回の場合、OR関数の引数である［論理式］には、「前月比≦80%」と「前月比≧120%」の条件がそれぞれ分かれて入ります。

```
=OR(D2<=80% , D2>=120% )
     ①         ②
```

IF関数とOR関数を組み合わせる

このOR関数を、下の数式のようにIF関数に入れ子して使いましょう。

=IF(OR(論理式1,論理式2),真の場合,偽の場合)

OR関数は指定した[論理式]のうちどれか1つでも当てはまるときは、[真の場合]の値を返します。反対に、当てはまらないときには、[偽の場合]の値を返します。

それでは図解に整理して、数式を作っていきましょう。

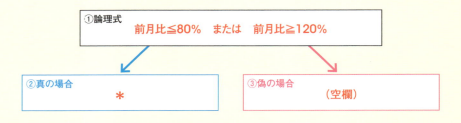

=IF(OR(D2<=80%, D2>=120%), "*", "")

①上記の関数を入力

②セルE2をセルE9までドラッグしてコピー

IF関数とOR関数を組み合わせることで、前月と比較して±20%以上増減がある取引先にだけ「*」を付けられた

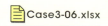Case3-06.xlsx

CASE 3-06 出荷予定日を過ぎた行に「未出荷」と表示する

IFの複雑条件型（ANDを使用）

CASE3-05では、「AまたはB」の条件を指定できるOR関数を紹介しました。今回は、OR関数と一緒に覚えておきたいAND関数を紹介します。

たとえば、下のような出荷表があり、F列に出荷日を管理しています。出荷漏れの有無を把握するために、現在日を示している基準日（セルB1）が出荷予定日（E列）を過ぎているのに未出荷の取引に「未出荷」と表示させましょう。

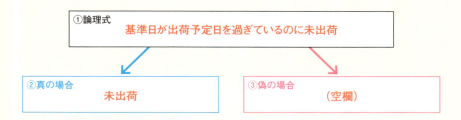

条件は図解して整理する

今回行いたい処理は、「基準日が予定出荷日を過ぎ、かつ未出荷のときは『未出荷』と表示、それ以外のときは何も表示しない」です。

［論理式］には、2つの条件が入っているので分解してみましょう。両方の条件に当てはまっているときに「未出荷」と表示したいので、2つの条件を「AかつB」という形に分けて考えます。

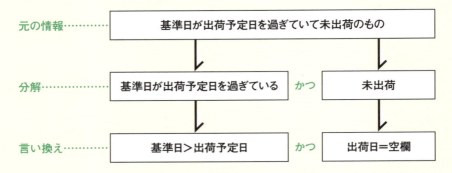

> **ポイント**
>
> 上の図で、「基準日が出荷予定日を過ぎている」という条件を、不等号で表現していることに注目してください。Excelでは、「基準日」と「出荷予定日」のように日付データ同士の比較をするときは、「未来の日付のほうが大きい」と判断されます。
> たとえば「基準日：2017/11/15」「出荷予定日：2017/11/14」の場合、「基準日＞出荷予定日」という条件に当てはまると判断されます。

CASE6-02　日数の計算…P.199

「AかつB」はAND関数を使う

　［論理式］を2つに分解したことで、「かつ」という言葉が出現しました。「または」がOR関数であったように、「かつ」にも対応する関数があります。それが、**AND関数**（アンド）です。

AND関数：すべての条件が満たされているか調べる

```
AND( 論理式1 , 論理式2 , … )
       ①        ②
```

```
=AND($B$1>E4, F4="")
       ①         ②
```

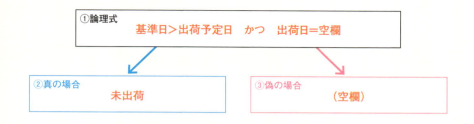

IF関数とAND関数を組み合わせる

OR関数と同様、今回もIF関数の［論理式］の部分にAND関数を入れ子して使います。

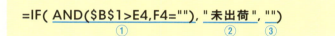

この数式を使うと、指定した［論理式］がすべて当てはまるときには、IF関数で指定する［真の場合］の値を返し、反対に1つでも当てはまらないときには、［偽の場合］の値を返すことができます。

=IF(AND($B$1>E4,F4=""), "未出荷", "")
　　　　①　　　　　　　　②　　　③

基準日であるセルB1は、数式をコピーしても参照先を変更させたくないので、絶対参照を付けました。

あとは、数式をセルG4に入力しコピーすれば、出荷予定日を過ぎた行に「未出荷」とコメントが表示されます。

条件はシンプルな表現が好ましい

　IF関数では、引数の［論理式］が複雑になってしまわないように、**無駄な「または」「かつ」はできるだけ省くように心掛けましょう**。数式が複雑になると、その分計算ミスが起きやすくなったり、データを引き継ぐ際にも他人が解読困難な資料になってしまったりするからです。シンプルな条件を作るには、次のようなコツがあります。

■無駄な範囲を省く

　たとえば、「1月～3月」という条件を不等号に直すとき、「『1≦月』かつ『月≦3』」と思いつく人も多いでしょう。
　確かに間違ってはいませんが、この中には無駄な条件が入っています。というのも、一般的に考えて「月」には1より小さい数字は入らないからです。すると、「1≦月」という条件はあってもなくても変わらないので省略でき、「かつ（または）」を回避できます。

「月が1月～3月」をどう表現するか…P.069

■VLOOKUP関数を使う

　実は、**VLOOKUP関数にも、条件分岐を行う機能があります**。詳しくは第4章で説明しますが、条件分岐の形によっては、VLOOKUP関数を使った方がシンプルな数式になるケースがあります。
　たとえば、「1月～3月」という条件は「『月＝1』または『月＝2』または『月＝3』」と表すこともできます。この条件には、「または」がたくさん含まれているため、IF関数を使うと複雑な数式になります。このようなときに、VLOOKUP関数を使うと簡潔に表現できます。

VLOOKUPの条件分岐型…P.106

IF関数のもう1つの使い方!「例外処理」の型を理解しよう

　IF関数には、基本型・入れ子型・複雑条件型の3つの型があると解説しました。このほかに実はもう1つだけ、絶対に覚えてほしい型があります。それが、実務で飛び抜けて頻繁に出てくる「**例外処理型**」です。

「例外処理型」ってどんなときに使えるの?

　例外処理とは、「想定外の値が表示されてしまったときに、(そのときだけ)例外的に別の処理をする」ことを指します。言い換えると**「特殊なことが起きたときに(そのときだけ)普段とは違うことをする」**とも言えます。

　これに似たことは日常生活でも頻繁に出てきます。たとえば「いつもは自転車通勤をしている」→「でも、今日は雨だ」→「雨だと自転車で通勤するのは大変なので、電車で通勤しよう」という考え方が、例外処理の典型例です。

　この考え方は、次の例のようにExcelでも頻繁に出てきます。

例:単価×数量で金額を求める

	A	B	C	D	E
1	★A社発注シート				
2	商品	単価	数量	金額	
3	ノート	150	20	3,000	
4	テープのり	540	50		
5	マグネット	400	販売終了		
6	ペン	350	25		
7	はさみ	320	15		
8					

D3: =B3*C3

① 「=B3*C3」と入力

② セルD3をセルD7までドラッグしてコピー

前ページの表で金額を求めるとき、最初に思いつく数式は「単価（B列）×数量（C列）」で計算する方法だと思います。実際、セルD3に「=B3*C3」と入力すると、セルD3は正しく計算されます。

ところが、この数式を下へコピーすると、セルD5に「#VALUE!」というエラーが表示されてしまいました。セルC5には「販売終了」という文字列があるため、セルD5だけうまく計算ができなかったのです。

	A	B	C	D	E
1	★A社発注シート				
2	商品	単価	数量	金額	
3	ノート	150	20	3,000	
4	テープのり	540	50	27,000	
5	マグネット	400	販売終了	#VALUE	
6	ペン	350	25	8,750	
7	はさみ	320	15	4,800	

セルD5だけ「#VALUE!」という想定外の結果が表示された

通常：「単価（B列）×数量（C列）」で金額を求める
想定外：「#VALUE!」というエラーが表示された

このような「想定外の値が表示されてしまったので、そのときだけ例外的に別の処理をしたい」というときに使えるのが「例外処理型」です。

例外処理型を日本語で考えると、以下のように表せます。

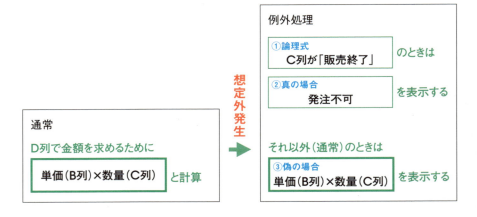

右上の「例外処理」の枠内が「Aのときは〇〇、それ以外のときは××」という形になっていることに注目してください。

「例外処理型」を使うときには、まず、最初に思いついた通常の計算処理を[偽の場合]に置きます。次に、以下の2つを考えます。

- どんなときに処理がうまくいかないのか（例外が発生する条件）
- そのときに、どう処理すればいいのか（例外の処理方法）

そして、「例外が発生する条件」を[論理式]に、「例外の処理方法」を[真の場合]に当てはめていきます。これが例外処理型の考え方です。

前ページの日本語表現を、IF関数の図に表示すると次のようになります。

上の図を見ても分かる通り、例外処理型はIF関数の基本型になります。

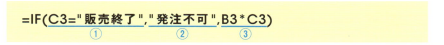

①上記の数式を入力

②セルD3をセルD7まで
ドラッグしてコピー

IF関数の例外処理型を使うことで、エラー値が表示されていたセルD5に「発注不可」と表示できた

活用のヒント　エラー値の場合はIFERROR関数でも処理できる

　ここまでIF関数の例外処理型の使い方を紹介しました。少し関数を学んでいる方なら、「IFERROR関数でも処理できるんじゃない?」と思われたかもしれません。

　はい。もちろん、IFERROR関数でも下の数式でエラー値を「発注不可」に置き換え可能です。

IFERROR関数：エラー値の場合に返す値を指定する

IFERROR(値 , エラーの場合の値)
　　　　①　　　②

=IFERROR(B3*C3,"発注不可")
　　　　①　　　②

①上記の数式を入力

②セルD3をセルD7までドラッグしてコピー

エラー値の代わりに「発注不可」と表示できた

　しかし、想定外の計算結果はエラー値だけではありません。次のCASE3-07でも紹介しますが、「-10」と表示されてしまうセルを「0」に置き換えたいという事例もあります。

　IFERROR関数は、エラー値しか指定した値を置き換えできませんが、IF関数の例外処理型はエラー値以外も置き換えられます。

　この違いをしっかり覚えておくと、計算結果が思い通りにいかないときでも対処できます。

CASE4-03　IFERRORのエラー処理…P.115

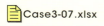

CASE 3-07 在庫が足りない商品の追加発注数を決める

IFの例外処理型

では、実際に「例外処理型」のIF関数を実践してみましょう。

下の表のような商品別発注表があるとします。商品ごとに在庫（B列）と出荷予定（C列）を見て、在庫数が「0」を下回らないように要追加発注（D列）の数を計算するものです。

要追加発注の数量は「出荷予定（C列）－在庫（B列）」で計算すればいいように思えますが、実際に計算をしてみると要追加発注（D列）欄がマイナスになるセルが出てきてしまいました。

例：在庫が足りない商品だけを追加発注する

商品	在庫	出荷予定	要追加発注
りんご	90	100	10
みかん	80	70	-10
すいか	70	90	20
キウイ	60	40	-20
メロン	50	20	-30

① 「=C2-B2」と入力
② セルD2をセルD6までドラッグしてコピー

マイナスで個数が表示されている要追加発注数を「0」と表示されるようにしたい

「要追加発注」がマイナスのときは、発注が不要ということなので、この場合にはマイナスではなく「0」を表示させたいわけです。

　　通常：「出荷予定（C列）－在庫（B列）」で金額を求める
　　想定外：追加発注数がマイナス(-)で表示された

このように「想定外の値が表示されてしまった。そのときだけ例外的に別の処理をしたい」というときには例外処理型が使えないか考えましょう。

マイナスの場合に「0」と表示させるには

例外処理型を使うときに、考えるべき大事なポイントは次の2つでした。

- どんなときに処理がうまくいかないのか？
- そのときに、どう処理すればいいのか？

では、最初に「どんなときに処理がうまくいかないのか？」を考えてみましょう。

まず、処理がうまくいかない原因は、出荷予定（C列）が在庫（B列）を下回っているときです。それが分かったら、次にそのときどう処理をすればいいのかを考えます。今回は発注が不要ということで「0」を表示します。

それでは、日本語で例外処理を考えてみましょう。

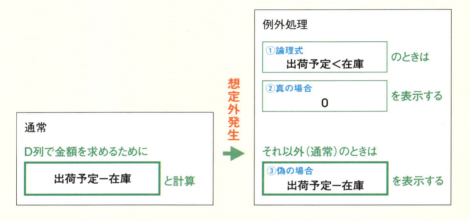

IF関数の図解で表現すると次のようになります。

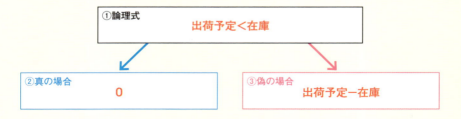

それでは、数式にしてセルD2に入力してみましょう。

=IF(C2<B2, 0, C2-B2)
　　　①　　②　　③

①上記の数式を入力

②セルD2をセルD6まで
　ドラッグしてコピー

要追加発注にあったマイナスの
値を全て「0」に表示できた

　例外処理型は、基本型・入れ子型・複雑処理型とは違う切り口から、実務で頻繁に出てくる考え方を型にしたものです。思い通りに結果が表示されないときには、「例外処理型に当てはめられないだろうか？」と考えてみてください。

活用の ヒント　循環参照に気を付けよう!

　[論理式]に入れる条件を、「要追加発注＜0」（追加発注は0より小さい）と考えた人もいるのではないでしょうか。「要追加発注＜0」を数式に変えると「D2<0」となり、下のような数式になります。

=IF(D2<0,0,C2-B2)

　しかし、セルD2に上の数式を入力すると、数式を入力したセルと同じセルD2を参照するため「**循環参照**」になってしまいます。こうなると正しく計算できません。
　循環参照を避けるために、「出荷予定＜在庫」（出荷予定は在庫より小さい）と言い換えましょう。

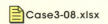

CASE 3-08 大量のデータを高速処理するデータベースを作る

データ処理の下準備

ここでは、第4章・第5章で紹介するVLOOKUP関数とSUMIFS関数、COUNTIFS関数で役立つIF関数の使い方を紹介します。この3つの関数は大量のデータを元に集計するときに役立ちます。しかし、この大量データに意図しない空欄があると関数はエラーになり、正しく集計できません。

たとえば左下の表のように、連続するデータ（ここでは「売上日」）の入力を省略している表があるとします。これでは集計できないので、空欄を埋めて整えなければなりません。

このように集計用に整えたデータのことを「**データベース**」と言います。データベースを作るためにIF関数を使って空欄を埋めていきましょう。

VLOOKUP関数…P.093／SUMIFS関数…P.135／COUNTIFS関数…P.167

例：売上日の空欄を埋める

具体的に手を動かして「関係」を見つける

　A列の空欄に直接入力するのではなく、D列に関数を入力することで、売上日を転記するとともに、空欄を埋めることが可能になります。

　D列に売上日を転記しながら、関係を探ってみましょう。

	A	B	C	D	
1	売上日	取引先	金額	売上日(空欄埋)	
2	2017/9/1	(株)オフィスラボ	50,300	2017/9/1	← セルA2が空欄でないときはセルA2の内容を入力
3		(有)小林	440,130		
4		(株)マルコサボ	310,950		
5		(株)シフト	50,130		

	A	B	C	D	
1	売上日	取引先	金額	売上日(空欄埋)	
2	2017/9/1	(株)オフィスラボ	50,300	2017/9/1	
3		(有)小林	440,130	2017/9/1	← セルA3が空欄のときは1つ上のセルの内容を入力
4		(株)マルコサボ	310,950		
5		(株)シフト	50,130		

	A	B	C	D	
1	売上日	取引先	金額	売上日(空欄埋)	
2	2017/9/1	(株)オフィスラボ	50,300	2017/9/1	
3		(有)小林	440,130	2017/9/1	
4		(株)マルコサボ	310,950	2017/9/1	
5		(株)シフト	50,130	2017/9/1	
6		(株)アイレン	310,900	2017/9/1	
7		(株)エッジ	470,460	2017/9/1	
8	2017/9/2	エムメディカル(株)	100,1	2017/9/2	← セルA8が空欄でないときはセルA8の内容を入力
9	2017/9/3	(株)大田尾	470,360		

すると、D列で行っている処理に次のような関係が見えてきました。

- 「同じ行のA列が空欄」のときは1つ上のセルの内容を表示
- 「それ以外」のときは同じ行のA列のセルを表示

「Aのときは○○、それ以外のときは××」という形をしているので、IF関数が使えるということが分かります。

「1つ上のセル」と「同じ行」への参照がポイント

　今回の数式のポイントは、参照先です。「1つ上のセル」と「同じ行」を参照することで、上から順々にセルが埋まっていく仕組みをつくっています。38ページで紹介している「累計の計算」とまったく同じ仕組みです。

CASE1-02　四則演算で累計を求める…P.038

前ページで考えた処理をIF関数で表現してみます。

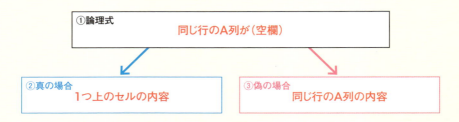

それでは、上の図を数式化しましょう。次のように「同じ行のA列」→「A2」、「1つ上のセルの内容」→「D1」と置き換えて、セルD2に入力します。

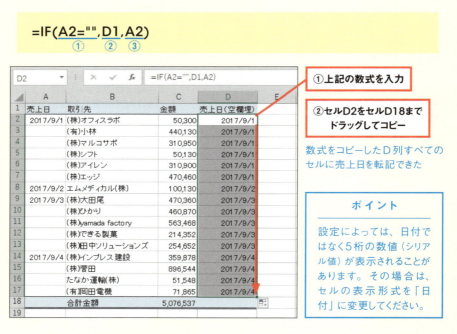

以上でIF関数の解説は終わりますが、実際の仕事では、本章で紹介したケーススタディ以外にもIF関数が役に立つ状況があると思います。

実務で使いこなすためには、「これはIF関数でできるかも」と気付けるようになることが何よりも大切です。そのためにも、「Aのときは……」という表現が出てこないか注意するとともに、本章で紹介した4つの型（基本型、入れ子型、複雑条件型、例外処理型）をきちんと身に付けておきましょう。

第 **4** 章

4つの「型」で業務の自動化をかなえる

VLOOKUP関数

データの転記が驚くほど
ラクになる最強の関数

　VLOOKUP関数は、**データを検索・転記する関数**です。VLOOKUP関数と聞くと、小難しいという印象を持つ人が多いと思いますが、実は私たちは日常生活でもVLOOKUP関数と似たような行動をしています。

　たとえば、紙の電話帳を使って知り合いの電話番号を調べる場面をイメージしてみてください。その場合、まずはページの上から下に向かって目的の氏名を探し、見つけたらその横に書かれている電話番号を調べますよね？

例：電話帳で電話番号を調べる

電話帳	
氏名	TEL
あ	
相川剛	080-□□□-××××
相田雅	090-△△△-□□□□
赤坂ひろこ	070-○○○-××××
い	
飯塚奈美	03-△△△-○○○○
石川みどり	090-○○○-△△△△

「石川みどり」さんの電話番号を
L字型に検索する

　このような**「L字型に情報を検索する」**という作業は、誰もが普段から無意識に行っている、非常に簡単な作業です。VLOOKUP関数は、この「L字型に情報を検索する」という作業をExcelに代行してもらうための関数なのです。

VLOOKUP関数の動きを見てみよう

では、実務ではどのようなときにVLOOKUP関数を使うのでしょうか？

たとえば、下の画面のように、取引先ごとの「取引先別売上表」と、取引先コードと取引先名を対応させた「取引先一覧」があるとします。このときに、取引先コードに対応する取引先名をセルB3～B5に入力したいのですが、いちいち一覧表から探して入力して……と手作業を繰り返すのはかなり面倒です。そこで、VLOOKUP関数を使えば、一瞬で欲しいデータを探し出せます。

例：コードに対応する取引先を表示する

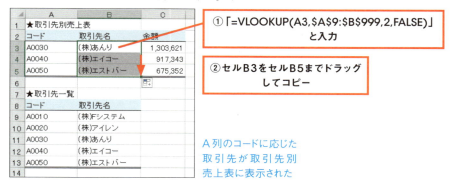

このとき入力したVLOOKUP関数も、次のようにL字型に検索をして転記しています。

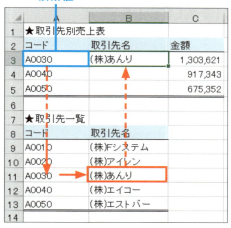

取引先一覧から「A0030」に該当する行を探し、そのコードに対応する情報を取引先別売上表のセルB3に表示している

VLOOKUP関数の引数はこの4つ！

VLOOKUP関数：データを縦方向に検索する

VLOOKUP(検索値, 範囲, 列番号, 検索の型)

検索値：検索したい「値」を指定
範囲：検索される「セル範囲」を指定
列番号：取り出したい値が指定した［範囲］の何列目にあるかを指定
検索の型：検索する方法を指定

　引数がたくさんあって大変そうに見えますが、そういうときは、VLOOKUP関数を使う場面を思い出してください。
　これまで「名前を電話帳から探して、対応する電話番号を調べる」「指定したコードを取引先一覧から探して、対応する取引先名を調べる」という2つの例を紹介しました。この2つは両方とも、「**○○を△△から探して、対応する□□を調べる**」という形になっています。そして、この3つの穴あき部分が、VLOOKUP関数の［検索値］、［範囲］、［列番号］に対応しているのです。［検索の型］は、検索する方法を「**TRUE**」（近似値検索）か「**FALSE**」（完全一致検索）で指定できます。

活用のヒント　［検索の型］は「FALSE」を指定

　4つめの引数である［検索の型］には、特別な理由がない限り、完全一致検索である「FALSE」を指定しますが、この後のケーススタディ（CASE4-08）では、近似値検索である「TRUE」を使う例も紹介します。
　FALSE（完全一致検索）：［検索値］に一致する値のみを検索する
　TRUE（近似値検索）　：［検索値］に一致する値を検索する。ただし、一致する値がない場合は、「検索値未満」で一番近い値を検索する

VLOOKUP関数が絶対組めるようになる3つのステップ

VLOOKUP関数の引数を見て、「なんだか難しそう」と感じた人も安心してください。これから紹介する3つのステップさえ踏んでいけば、確実に数式が組めるようになります。

STEP1：L字型の検索を日本語で表現する

VLOOKUP関数を使うには、[検索値][範囲][列番号]の3つの引数の役割を明確にする必要があります。まずは、引数の役割を日本語に置き換えて考えてみましょう。

例：コードに対応する取引先を表示する

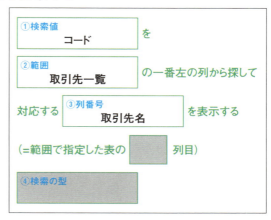

右上の図にある空欄の項目については、後ほど説明します。

STEP2:関数の引数に言い換える

次に、先ほど考えた日本語をVLOOKUP関数の引数に置き換えましょう。ここでは下の画面にあるように、取引先別売上表のセルB3にVLOOKUP関数を入力します。

①**検索値**：取引先コード→「A3」
②**範囲**：取引先一覧→「$A$9:$B$999」
③**列番号**：取引先名→「2」

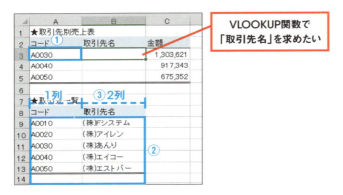

［範囲］を「A9:B13」と考えた人もいると思いますが、「$A$9:$B$999」と指定したのには理由があります。VLOOKUP関数では［範囲］がずれる事例はないため、必ず絶対参照を指定しているのです。また、13行目以降に新規取引先が追加されても引数を入力し直さなくてもいいように、999行目まで参照しています。

- ずれることがない［範囲］は絶対参照で指定
- 取引先が追加されることも想定して、十分に下の行まで指定

［列番号］の指定は、少しややこしいのですが、**［範囲］で指定したセル範囲の「一番左の列」から数えて「何列目に当たるか」を数値で表現**します。

今回の例では、表示したい情報はB列の「取引先名」です。これを指定したセル範囲の「一番左の列」（A列）から数えると、B列は「2」列目に当たります。よって、［列番号］は「2」と表現できます。

STEP3：数式を組み立てる

最後のステップは、先ほどの3つの引数を当てはめるだけです。そして4つめの引数を、完全一致検索を表す「FALSE」と指定しましょう。これを入力し忘れると誤作動の原因にもなります。

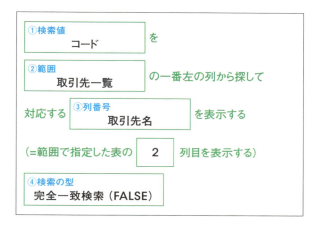

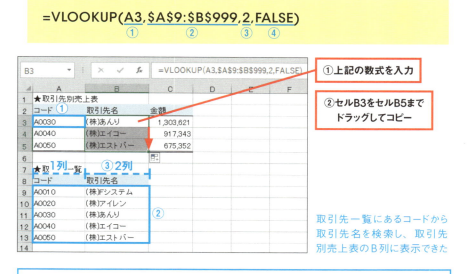

取引先一覧にあるコードから取引先名を検索し、取引先別売上表のB列に表示できた

ポイント

「FALSE」の入力は、小文字の「false」とも入力できます。アルファベットをいちいち入力するのが面倒なときは、代わりに「0」を入力しても構いません。

| 活用の
ヒント | # VLOOKUP関数に慣れるまでは
［検索値］の指定に要注意！ |

　下の例では、［検索値］で指定したい取引先コードが、「取引先別売上表」（セルA3）と「取引先一覧」（セルA12）の2カ所にあります。そのため、どちらを［検索値］として指定したらいいか迷うかもしれません。そういうときは、**［検索値］は［範囲］以外のセルを指定**します。もし、セルA12を指定してしまうと、数式をコピーした際に正しい結果を得られなくなります。

◯ 成功例

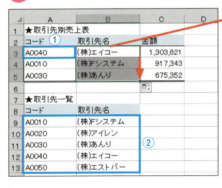

①「=VLOOKUP(A3,$A$9:$B$999,2,FALSE)」と入力

②セルB3をセルB5までドラッグしてコピー

［検索値］にセルA3を指定し、正しい結果が表示できた

✕ 失敗例

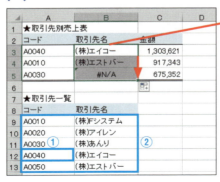

①「=VLOOKUP(A12,$A$9:$B$999,2,FALSE)」と入力

②セルB3をセルB5までドラッグしてコピー

［検索値］にセルA12を指定すると、数式のコピー時に［検索値］としてセルA13、A14が参照されてしまい正しい結果が表示されない

どこに置く？
「参照表」の配置ルール

参照する表は別シートで管理

次は、「**参照表**の配置ルール」を解説します。

参照表とは、一般用語ではありませんが、本章ではVLOOKUP関数の［範囲］で指定する表という意味で使います。先ほどの例で言うと、「取引先一覧」に当たります。この表は数式を入力する表と同じシート上に置くよりも、**別のシートに配置**した方が作業効率が上がる場合があります。

たとえば下の画面のように、取引先別売上表（数式を入力する表）で行・列の追加・削除を行いたいとき、同じシート上に取引先一覧（参照表）を置いていると、参照表にも行・列が追加されて表の内容が壊れてしまう可能性があります。このようなケースでも、参照表を別シートに分けて置いてあれば、どんなに入力用の表に修正が加わっても参照表に影響が出なくなります。

✕ 失敗例

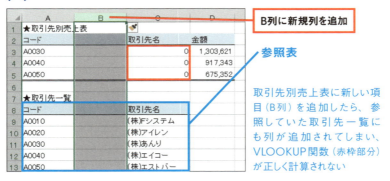

⭕ 成功例

数式を入力する表　　　B列に新規列を追加　　　参照表

	A	B	C	D
1	コード		取引先名	金額
2	A0010		(株)Fシステム	1,303,621
3	A0030		(株)あんり	917,343
4	A0050		(株)エストバー	675,352
5				
6				
7				
8				

	A	B	C
1	コード	取引先名	
2	A0010	(株)Fシステム	
3	A0020	(株)アイレン	
4	A0030	(株)あんり	
5	A0040	(株)エイコー	
6	A0050	(株)エストバー	
7			

取引先別売上表に列を追加しても、参照表である取引先一覧に影響が生じないため、VLOOKUP関数の結果はそのまま表示される

🗂 シートを分けても考え方は一緒！

　それでは、97ページの例を使って「取引先一覧」を別シートに移動してVLOOKUP関数を使ってみましょう。引数の参照先は変わっても日本語の表現は変わりません。

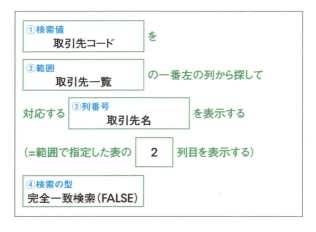

VLOOKUP関数の数式にし、表に入力します。

=VLOOKUP(A2, 取引先一覧!$A$2:$B$999, 2, FALSE)
　　　　　①　　　　②　　　　　　　③　④

[取引先別売上表]シート

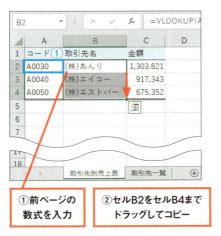

[取引先一覧]シート(参照表)

99ページの数式と比べると、[範囲]の引数が「取引先一覧!$A$2:$B$999」と多少複雑になりましたが、これは「[取引先一覧]シートのセルA2～B999」という意味です。

こんな参照表は使いにくい!

参照表は別シートで管理することを推奨しましたが、おすすめしない管理方法も紹介しておきます。

1つめは、別ブック(別のExcelファイル)に置いて管理することです。別ブックでも参照先として指定することは可能ですが、保存場所が分からなくなり、数式がエラーになってしまうなど、予期せぬトラブルの原因となります。

2つめは、業務システムのデータは加工しないことです。業務システムとは、「給与計算システム」「売上管理システム」など、その会社または業務で使っているシステムです。そのシステムから書き出したデータを、Excelに取り込んで使うことがあります。

その場合、不要な行・列を削除するなどの加工を施すと、内容を更新するとき、「書き出し→取り込み→加工」となり加工の手間が増えてしまいます。参照表で使うために書き出したデータは、よほど見にくいことがない限り、そのままの形で使いましょう。

4つの「型」で VLOOKUP関数を 自在に動かす

VLOOKUP関数の書式を理解したとしても、実際にどのような場面で使ったらいいかピンと来ない人も多いかもしれません。そこで、VLOOKUP関数を使う4つの型を紹介していきます。

検索型

先に紹介した「コードに対応する取引先名を表示する」という事例のように、ある情報に付随している情報を**検索**するパターンです。

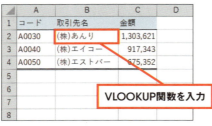

[取引先別売上表]シートのコードを使って、[取引先一覧]シートから同じコードを検索し、それに付随する取引先名を表示している

CASE4-01: 商品コードに対応する「単位」と「単価」を表示したい (P.107)
CASE4-02: VLOOKUP関数を使ってもうまく検索できないときは (P.112)
CASE4-03: 見積書に表示されてしまうエラー値を消したい (P.115)

変換型

「ある情報」を「別の情報」に**変換**します。旧システムで出力したデータを新システムで使う場合など、複数のシステム間でデータをやり取りするときによく出てくるパターンです。

[取引先別受注表]シート

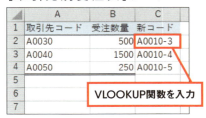

[変換表]シート（参照表）

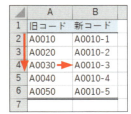

[変換表]シートから新コードを探して[取引先別受注表]シートに新コードを表示させる

CASE4-04: 取引先の商品コードを自社のコードへ一気に変換したい（P.117）
CASE4-05: 旧システムのシリーズ・型番を最新版に変換する（P.120）

結合型

表を作る際、欲しい情報が複数の表やシートに分散していることがあります。そんなときに、複数の表を1つの表に、素早く**結合**することができます。

[単位一覧]シート（参照表）

[担当者一覧]シート（参照表）

[日別受注表]シート

2つのシートから、「単位」と「担当者」のデータを日別受注表に結合している

CASE4-06: 散らばったデータを1つの表に集約しよう（P.124）

条件分岐型

条件分岐と言えば、第3章で紹介したIF関数を使うのが普通なのですが、条件が特定の形であれば、**IF関数の代わりにVLOOKUP関数を使う**ことで、単純な数式で結果を求められます。

①「=IF(F4="105-12A",50000,IF(F4="105-13A",25000,IF(F4="105-14B",5000,IF(F4="105-15B",70000,IF(F4="105-16C",120000,""))))))」と入力

	A	B	C	D	E	F	G	H
1	★希望価格一覧					★希望価格検索		
2							(IF)	(VLOOKUP)
3	No.	商品コード	商品名	希望価格		商品コード	希望価格	希望価格
4	1	105-12A	炊飯器	50,000		105-14B	5,000	5,000
5	2	105-13A	電子レンジ	25,000		105-16C	120,000	120,000
6	3	105-14B	電気ポット	5,000				
7	4	105-15B	冷蔵庫	70,000				
8	5	105-16C	食洗器	120,000				
9								

②「=VLOOKUP(F4,$B$4:$D$8,3,FALSE)」と入力

「商品コード」の条件に合う「希望価格」を表示したいとき、IF関数を使って処理するよりも、VLOOKUP関数使う方が数式が簡潔になる

CASE4-07:自分が担当している取引先だけを抽出する (P.128)
CASE4-08:商品の重量に応じた送料を計算したい (P.132)

あくまでも、型は1つの目安として覚えよう

VLOOKUP関数では、IF関数のように、「型」によって数式の組み方が変わることはありません。「検索型のような気もするし、結合型な気もする」と判断に困っても、数式の考え方は同じなので大丈夫です。

あくまでもこの4つの型は、VLOOKUP関数の使いどころを知る1つの目安です。「4つの型のどれかに当てはまりそう」と気付き、VLOOKUP関数にたどりつけることが大切です。

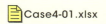

CASE 4-01 商品コードに対応する「単位」と「単価」を表示したい

VLOOKUPの検索型

本章の最初のケーススタディでは、VLOOKUP関数の代表格である「検索型」から見ていきましょう。たとえば、左下のような発注明細表があるとします。その右隣にある商品一覧表を使って、指定した「商品コード」に対応する「単位」と「単価」の2つの値を表示させてみましょう。

例：商品コードから「単位」と「単価」を取り出す

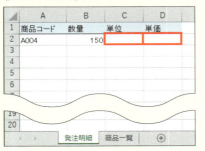

「商品コード」に対応した「単位」「単価」を［商品一覧］シートから取り出す

検索したい値が2つあるときはどうするの？

今回のケースのように、表示させたい値が「単位」と「単価」の2つある場合は、2つ同時に求めようとせずに、1つずつ関数の式を考えていきます。

「単位」を求める

まずは、セルC2に「単位を求めるための数式」を入れます。慣れないうちは、日本語で考えましょう。今回の場合は、「商品コード」に対応する「単位」を表示したいので、次のように表現できます。

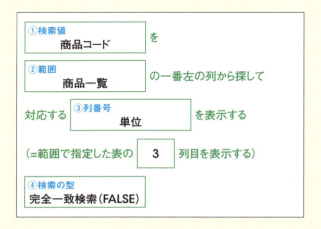

①検索値: 商品コード→「A2」
②範囲: 商品一覧→「商品一覧!$A$2:$D$999」
　　　　（※絶対参照にすること、範囲は十分下まで指定することに注意）
③列番号: 単位→「3」

　これを数式化して［発注明細］シートのセルC2に入力すると、セルA2の商品コードに対応する「単位」が表示されます。

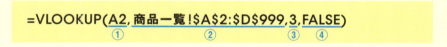

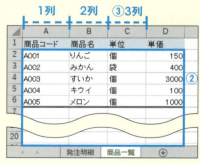

［発注明細］シートのセルC2に、商品コードに対応する「単位」を求められた

「単価」を求める

　「単価」を求める場合も、数式の作り方はほぼ同じです。先ほどの単価の数式と比べると「列番号」の部分だけが変わります。「単価」のデータは、指定した［範囲］の中では左から数えて「4」列目にあるので、これを以下のように数式化し、セルD2に入力したら完成です。

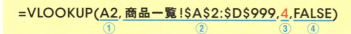
=VLOOKUP(A2, 商品一覧!$A$2:$D$999, 4, FALSE)
　　　　　① 　　　　②　　　　　③ ④

［発注明細］シート　　　　　　　［商品一覧］シート（参照表）

［発注明細］シートのセルD2に、商品コードに対応する「単価」が求められた

🔲 もっと効率化を図りたいときは

　先ほどは、セルC2（単位）とセルD2（単価）にそれぞれ別の数式を手入力しました。しかし、手入力は時間がかかるのに加え、単純ミスの元にもなります。できれば、セルC2に入力した数式をセルD2にコピーしたいところですが、セルC2の数式をそのままコピーしても残念ながらうまくいきません。

セルD2にコピーしたときに表示される数式

=VLOOKUP(B2, 商品一覧!$A$2:$D$999, 3, FALSE)

セルD2に本来入れたい数式

=VLOOKUP(A2, 商品一覧!$A$2:$D$999, 4, FALSE)

数式を比べると、［検索値］と［列番号］が異なっていることが分かります。

109

このようなケースでは、VLOOKUP関数をコピーして使うことはできないのでしょうか？ いえ、そんなことはありません。引数のセル参照をひと工夫することで、VLOOKUP関数をコピーして使いまわせるようになります。

①［検索値］を複合参照にしよう

まずは、［検索値］から見てみましょう。数式をコピーしたときに、参照元を列のみ固定したいので、**「$A2」というように「列だけ絶対参照」**を付けます。

②［列番号］は別セルに入力しよう

次に、［列番号］です。数式を右にコピーしたときに、［列番号］も連動して変化させるにはどうしたらいいでしょうか。［列番号］は、数式にそのまま入力せずに、セル参照させて指定するとうまくいきます。

このケースでは、［発注明細］シートの表の見出しの上に行を追加します。行を追加できたら、セルC1にC列のVLOOKUP関数に入力したい［列番号］の「3」、同様にセルD1に「4」と入力してください。

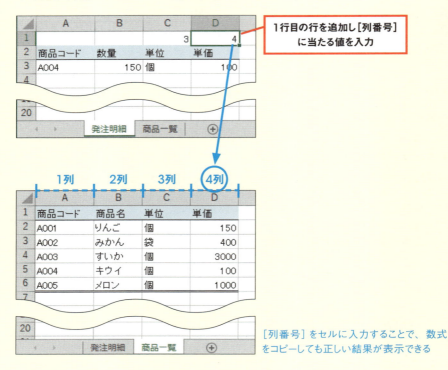

1行目の行を追加し［列番号］に当たる値を入力

［列番号］をセルに入力することで、数式をコピーしても正しい結果が表示できる

［列番号］を数式に入力するときは、**「C$1」というように「行だけ絶対参照」**にします。こうすることで数式を右にコピーしたときだけ［列番号］が変化し、正しい結果を得られます。

汎用性が高い数式を心がけよう

　先ほど説明したように、［検索値］と［列番号］を修正して数式を組み直すと、次のような式になります。このとき、追加した行の分だけ［検索値］のセル番号を下にずらして指定することを忘れないようにしてください。
　この数式を使うことで、2つの数式をわざわざ手入力せずに、1つの数式だけで「単位」と「単価」を求められるようになります。

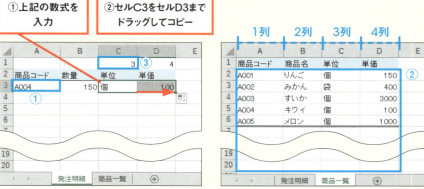

セルC3に入力した数式をコピーするだけで、「単価」の値も求められた

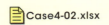

CASE 4-02 VLOOKUP関数を使ってもうまく検索できないときは

VLOOKUPの検索型

続いて、ありがちな［範囲］の指定ミスの例とともに「検索型」を解説します。CASE4-01と同じように、VLOOKUP関数を使って「商品名」に応じた「単位」を［商品一覧］シートから取り出してみます。はじめに日本語で考えてみましょう。

例：商品名から「単位」を取り出す

［発注明細］シート

	A	B	C	D	E
1	商品名	数量	単位	商品コード	
2	キウイ	150			
3					
4					
5					
6					
7					

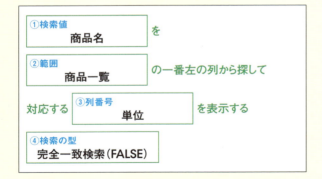

［商品一覧］シート（参照表）

	A	B	C	D	E
1	商品コード	商品名	単位	単価	
2	A001	りんご	個	150	
3	A002	みかん	袋	400	
4	A003	すいか	個	3000	
5	A004	キウイ	個	100	
6	A005	メロン	個	1000	
7					

［範囲］は表全体を指定するとは限らない

上の日本語をExcelの引数に言い換えてみましょう。［検索値］は、セルA2となりますが、［範囲］と［列番号］については少し工夫が必要になります。

✘ 失敗例（[範囲]＝セルA2～D999の場合）

「=VLOOKUP(A2,商品一覧!$A$2:$D$999,3,FALSE)」と入力

指定した[範囲]の一番左の列に、[検索値]（キウイ）がないため、エラー値が表示された

　上の画面を見てください。VLOOKUP関数では、[検索値]と等しい値がないかどうか、指定した[範囲]の一番左の列から探します。そのため、[商品一覧]シートにある表全体（セルA2～D999）を[範囲]として指定してしまうと、一番左の列（A列）に「キウイ」が存在しないため、「#N/A」とエラーが表示されてしまいます。
　そこで、「商品名」（B列）が[範囲]の中で一番左の列になるように指定してみます。

◯ 成功例（[範囲]＝セルB2～D999の場合）

「=VLOOKUP(A2,商品一覧!$B$2:$D$999,2,FALSE)」と入力

[範囲]の一番左の列に、[検索値]で指定した「キウイ」があるため「単位」を検索できる

ポイント

数式を組む際は[範囲]だけでなく、[列番号]の指定にも注意してください。[列番号]は、これまでの例と同様に[範囲]の一番左の列から数えます。今回は、[範囲]がB列から始まっているので、C列を参照するときに「2」と指定しています。

第4章　4つの「型」で業務の自動化をかなえるVLOOKUP関数

［範囲］から外した「商品コード」を調べたいときは？

　もし、［発注明細］シートの「商品コード」（D列）の値も求めたい場合はどうでしょう。このままでは［商品一覧］シートのA列が［範囲］に含まれていないため、［列番号］を指定できず、データを求められません。そんなときは、**抽出したい列を無理やり［範囲］の右側に転記**します。

例：「商品名」から「商品コード」を取り出す

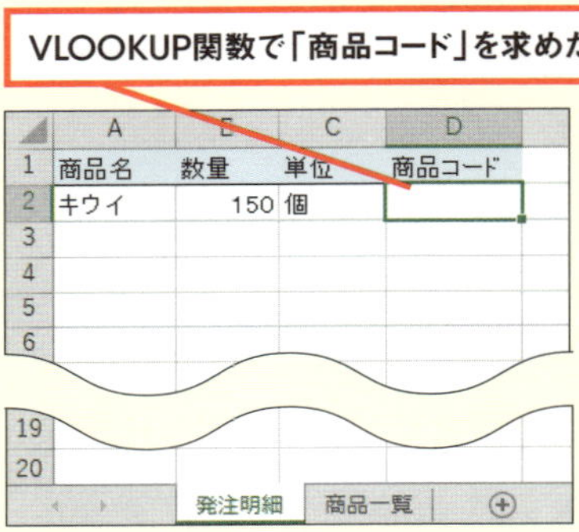

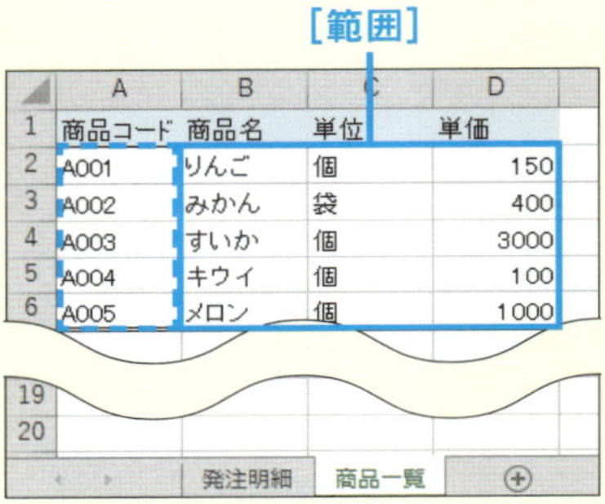

VLOOKUP関数で「商品コード」を求めたい

［範囲］

　ここでは、［商品一覧］シートに新たにE列を追加して、セルE2に「=A2」と数式を入力します。この数式を下にコピーすれば、「商品コード」をE列に表示できます。あとは、VLOOKUP関数を入力するときに［範囲］をE列まで広げれば、［列番号］を指定できます。

［商品一覧］シート（参照表）

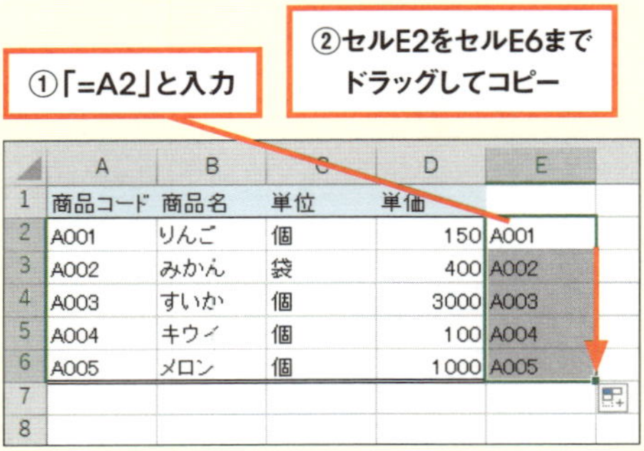

① 「=A2」と入力

② セルE2をセルE6までドラッグしてコピー

［発注明細］シート

③ 「=VLOOKUP(A2,商品一覧!$B$2:$E$999,4,FALSE)」と入力

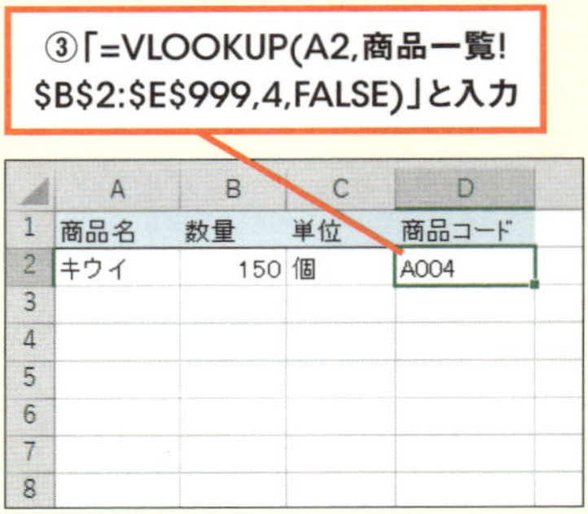

セルD2に「商品コード」を表示できた

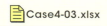

CASE 4-03 見積書に表示されてしまうエラー値を消したい

IFERRORのエラー処理

受注一覧表や見積書のひな形など、将来データを追加していく可能性がある書類には、前もってVLOOKUP関数を仕込んでおくと便利です。

たとえば下の画面では、[見積書]シートのセルC3とセルD3にVLOOKUP関数を入力して、商品コードに対応する「商品名」と「単価」を表示させています。しかし、入力した数式を6行目以降のセルにコピーすると、[検索値]が空欄なので「#N/A」とエラーが表示されてしまいます。これでは見た目がよくないので、今回はこのエラー値を非表示にしていきます。

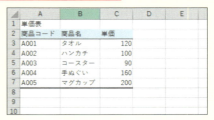

未入力の行（6行目以降）にVLOOKUP関数を入力すると「#N/A」とエラーが表示されてしまう

エラー値はIFERROR関数で消す

そんなときに頼りになるのが、第3章の86ページでも紹介したIFERROR（イフエラー）関数です。**IFERROR関数とは、数式がエラーになるときに、エラー値の代わりに表示したい値を指定できる関数**で、次のような引数を指定して使います。

115

IFERROR関数：エラー値があるときに返す値を変える

IFERROR(値 , エラーの場合の値)
　　　　　①　　　　②

　値：エラー値になるかどうかを調べたい数式やセル参照を指定
　エラーの場合の値：［値］がエラー値のときに表示される値を指定

2つめの引数である、［エラーの場合の値］でよく指定する値はこの2つです。

- エラーのときに「空欄」にする→「=IFERROR(値 ,"")」
- エラーのときに「0」にする→「=IFERROR(値 ,0)」

今回のケースでは、データが未入力のときに表示されるエラー値を「空欄」に置き換えると見栄えがよくなるので、「""」を指定します。セルC3に入れる式は次のようになります。

=IFERROR(VLOOKUP(B3, 単価表!$A$3:$C$999,2,FALSE),"")
　　　　　　　　　①　　　　　　　　　　　　　②

セルD2の数式も同じように、次のようにIFERROR関数を組み合わせた数式を入力しましょう。2つのセルに入力した数式を下にコピーすると、IFERROR関数でエラー値が処理されて空欄に置き換わります。

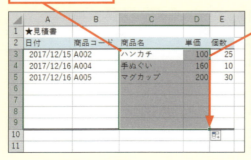

①上記の数式を入力

②「=IFERROR(VLOOKUP(B3,単価表!$A$3:$C$999,3,FALSE),"")」を入力

③セルC2、セルD2を下までドラッグしてコピー

IFERROR関数を使うことで、エラー値を空欄に置き換えられた

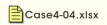

CASE 4-04 取引先の商品コードを自社のコードへ一気に変換したい

VLOOKUPの変換型

　ここからは、VLOOKUP関数の「変換型」について解説していきます。
　たとえば、取引先から送られてきた商品コード別の発注一覧表があります。中身を見てみると、すべての商品コードが「取引先の商品コード」で書かれており、社内へ出荷指示を出すには、こちらで「自社の商品コード」に修正しなくてはいけません。そこで、VLOOKUP関数を使って、一気にコード変換の処理ができる仕組みを作っていきます。

例：「取引先の商品コード」を「自社の商品コード」に変換したい

Before

「取引先の商品コード」では、社内で出荷指示を出すことができない

After

取引先の商品コードに対応した自社の商品コードをD列に表示する

117

まずは変換に必要な表を準備する

　VLOOKUP関数を使うための下準備として、「取引先の商品コード」と「自社の商品コード」を対応させた変換表を用意する必要があります。下のような［変換］シートを作り、［発注一覧］シートと同じブック（同じExcelファイル）内の別シートに入れましょう。

［変換］シート（参照表）

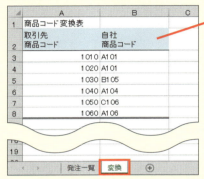

「取引先の商品コード」と「自社の商品コード」を対応させた表を作成しておく

A列には「取引先の商品コード」、B列には「自社の商品コード」が入力されている。この表を［発注一覧］シートと同じブックに作成しておく

情報を整理して数式化する

　ここまで準備ができたら、あとはVLOOKUP関数を入力するだけです。［発注一覧］シートのD列に「自社の商品コード」を表示したいので、日本語で考えると次のようになります。

これをVLOOKUP関数に当てはめて、数式化します。

=VLOOKUP(B3, 変換!$A$3:$B$999, 2, FALSE)
　　　　　①　　　　②　　　　　　③　　④

　この数式を、［発注一覧］シートのセルD3に数式を入力すれば、「取引先の商品コード」に対応する「自社の商品コード」を表示できます。

［発注一覧］シート

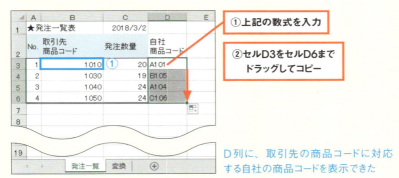

［変換］シート（参照表）

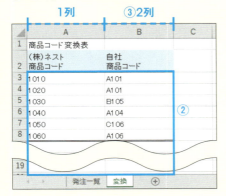

　変換するために新しく表を準備することは、一見面倒だと思われがちですが、VLOOKUP関数を使うことで一気に処理できたり、コードの追加や修正があっても簡単に反映できたりするので、業務効率を考えるとメリットは大きいです。

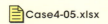

CASE 4-05 旧システムのシリーズ・型番を最新版に変換する

VLOOKUPの変換型

　たとえば、今年から商品のシリーズと型番が変わり、去年作ったExcel資料にある「シリーズ」と「型番」が旧コードのままになっていたとします。VLOOKUP関数を用いて、新しいコードに変換する方法を考えてみましょう。

例：「新シリーズ」「新型番」を表示する

［入力］シート　　　　　　　　　　　［変換］シート（参照表）

［変換］シートを参照して、［入力］シートに「新シリーズ」と「新型番」を表示する

　CASE4-01と同じように、表示したい値が2つ（「新シリーズ」と「新型番」）あるので、1つずつ関数の式を考えていきます。
　まずは、「新シリーズ」を表示する作業内容を日本語で表現してみましょう。

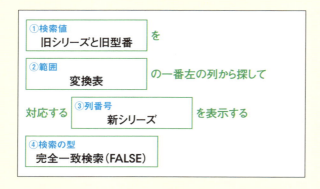

これまでのケーススタディと違う点は、変換表から「旧シリーズ」と「旧型番」の2つのデータに一致する値を探さなくてはいけないというところです。しかし、VLOOKUP関数には、複数のセルを使って検索をかける機能はありません。ですから、関数を使う前に、表に下準備をしておく必要があります。

「旧シリーズ」と「旧型番」を&で結び[検索値]を作る

　今回のケースの下準備としては、まず両方のシートで[検索値]として使う「旧シリーズ」列と「旧型番」列を1つにまとめてしまいます。そうすることで、[検索値]を1つのセルで指定できるので、VLOOKUP関数を使えるようになります。

　はじめに、[変換]シートのC列に、2つのデータをまとめるための列を作成します。セルC2に「=A2&B2」という数式を入れ、下へコピーしてください。

[変換]シート（参照表）の下準備

	A	B	C	D	E	F	G
1	旧シリーズ	旧型番		新シリーズ	新型番		
2	DE	101	DE101	D	100		
3	DE	102	DE102	DW	102		
4	KI	101	KI101	K	100		
5	KI	102	KI102	K	101		
6	RU	101	RU101	R	202		
7	RU	102	RU102	RR	202		
8							

①「=A2&B2」を入力
②セルC2をセルC7までドラッグしてコピー

　下準備を行うときの注意点は、結合する値の配置場所です。結合するデータは、**表示したいデータ（新シリーズ、新型番）よりも左に配置**してください。そうしないと、VLOOKUP関数の数式で[範囲]と[列番号]の指定がうまくいきません。

同じように、[入力]シートのD列にも[検索値]となるデータを1つのセルにまとめます。セルD3に「=A3&B3」を入力し、コピーします。

[入力]シートの下準備

コピーで使いまわせる数式を作る

　下準備はこれで完了です。VLOOKUP関数を使って、コードを変換していきましょう。
　CASE4-01の解説を参考に、引数の指定の仕方を工夫して、1つの数式だけで「新シリーズ」と「新型番」を求めます。

もっと効率化を図りたいときは…P.109

[新シリーズ]を表示するには(再掲)

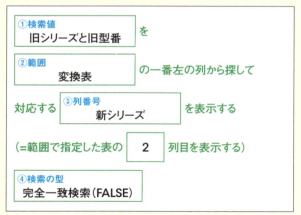

［検索値］は横にコピーしても参照先が変わらないように「列だけ絶対参照」を使って「$D3」と指定します。また、［列番号］は、セルE1に「2」、セルF1に「3」と記入した上で、それらのセルを参照します。縦にコピーしても参照先が変わらないように「行だけ絶対参照」を使って「E$1」と指定します。

=VLOOKUP($D3, 変換!$C$2:$E$999, E$1, FALSE)
　　　　　　①　　　　②　　　　　③　　④

［入力］シート

① 上記の数式を入力してコピー

② セルE3をセルF5までドラッグしてコピー

「新シリーズ」と「新型番」が表示できた

［変換］シート（参照表）

ポイント

複数列を表示させたいときは、絶対参照の付け方に注意しましょう。
・［検索値］は、D列を参照しているので「$D3」（列だけ絶対参照）
・［列番号］は、1行目を参照しているので「E$1」（行だけ絶対参照）

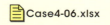

CASE 4-06 散らばったデータを1つの表に集約しよう

VLOOKUPの結合型

ここからはVLOOKUP関数の「結合型」のケーススタディです。

次の取引明細のように、管理システムなどから出力した取引データには、取引先コードや商品コードなどの最低限の情報しか入っておらず、取引先名や商品名などの情報は含まれていないことがあります。それらの情報は、たいてい「取引先一覧」や「商品一覧」のように別で管理されています。

このように、取引データとは別に管理されているデータを**「マスタデータ」**と呼びます。VLOOKUP関数を使って、散らばったデータを1つに集約しましょう。

取引明細（取引データ）

	A	B	C	D	E
1	日付	取引先コード	商品コード	数量	
2	2017/9/1	A0030	A001	10	
3	2017/9/1	A0020	A002	40	
4	2017/9/2	A0040	A001	30	
5	2017/9/2	A0050	A002	20	
6	2017/9/2	A0040	A004	60	
7	2017/9/2	A0010	A005	50	
	2017/9/3	A000		30	
13	20		A001		
14	2017/9/5	A0010	A005	20	
15					

「取引先名」「商品名」「単価」など、足りない情報を、ほかの表から引っ張ってきて取引明細に集約したい

取引先一覧（マスタデータ）

	A	B	C	D
1	取引先コード	取引先名	電話番号	担当者名
2	A0010	(株)大和青果	03-1404-7157	渡辺智子
3	A0020	(有)希林	03-3423-8832	山田太郎
4	A0030	八彩(株)	03-0861-9863	鈴木結衣
5	A0040	リテール(株)	042-205-9785	山本理恵
6	A0050	(株)アンド	03-2563-6670	木村花子
7				
8				

商品一覧（マスタデータ）

	A	B	C	D
1	商品コード	商品名	単位	単価
2	A001	りんご	個	150
3	A002	みかん	袋	400
4	A003	すいか	個	3000
5	A004	キウイ	個	100
6	A005	メロン	個	1000
7				
8				

1つのブックにまとめて表を集約していく

　まずはVLOOKUP関数を使う下準備として、別々のブックで保存されていた「取引先一覧」と「商品一覧」を、「取引明細」の別シートにコピーして1つのブックにまとめます。次に、[取引明細]シートに集約したい「取引先名」「商品名」「単価」の3つの項目を追加していきます。

[取引明細]シート

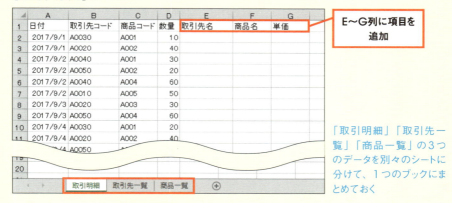

E〜G列に項目を追加

「取引明細」「取引先一覧」「商品一覧」の3つのデータを別々のシートに分けて、1つのブックにまとめておく

「取引先名」を表示する

　最初に、[取引先一覧]シートにある「取引先名」を、[取引明細]シートのE列に表示しましょう。日本語で整理すると、以下のようにまとめられます。

セルE2の数式は次のようになります。［検索値］は、これまでのケーススタディと同様に「列だけ絶対参照」で指定します。

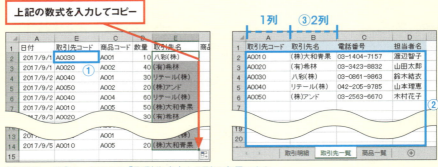

［取引先一覧］シートにある「取引先名」をE列に表示できた

「商品名」「単価」を表示する

　次に、［商品一覧］シートにある「商品名」と「単価」を、［取引明細］シートのF列とG列にそれぞれ表示します。たとえば、「商品名」の数式は下の日本語で表現できます。

商品名を表示する

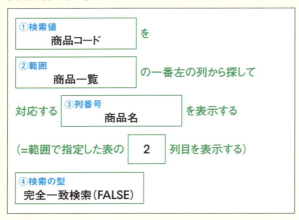

ここでは、CASE4-01で紹介したテクニックを参考に、1つの数式で2つのデータを求めましょう。［取引明細］シート1行目に行を追加しセルF1に「2」とセルG1に「4」と「列番号」を追加するのがポイントです。

もっと効率化を図りたいときは…P.109

[取引明細]シート

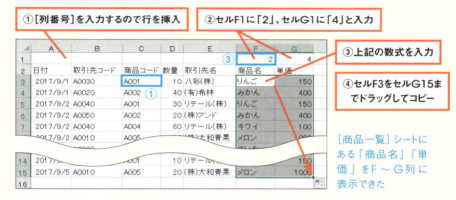

［商品一覧］シートにある「商品名」「単価」をF～G列に表示できた

[商品一覧]シート（参照表）

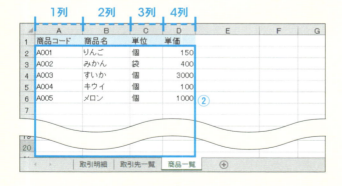

次月以降も同じような資料を作りたいときは、マスタデータに変化がない限り、取引明細をA～D列にコピーし、必要に応じてE～G列の数式をコピーするだけで資料が完成します。

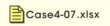

CASE 4-07 自分が担当している取引先だけを抽出する

VLOOKUPの条件分岐型

ここからは「条件分岐型」のVLOOKUP関数です。条件分岐については第3章のIF関数で解説しましたが、実はVLOOKUP関数で求めたほうが簡単な場合があります。たとえば、「AまたはB、またはC、または……の場合は、○○と表示する」のように、条件がいくつもある場合です。それでは実際の事例を見ながらVLOOKUP関数の使いどころを見ていきましょう。

担当している取引先だけを抽出したい

ここでは、売上明細から自分が担当している取引先だけを表示します。

[売上明細]シート

	A	B	C	D
1	売上日	取引先	金額	
2	2017/9/1	(株)オフィスラボ	50,300	
3	2017/9/1	有限会社小林	440,130	
4	2017/9/1	(株)マルコサポ	310,950	
5	2017/9/1	(株)シフト	50,130	
6	2017/9/1	(株)アイレン	310,900	
7	2017/9/1	(株)エッジ	470,460	
8	2017/9/2	エムメディカル(株)	100,130	
9	2017/9/3	(株)大田尾	470,360	
10	2017/9/3	(株)ひかり	460,870	
11	2017/9/3	(株)あんり	350,890	
12	2017/9/3	(株)Fシステム	330,970	
13	2017/9/5	(株)オフィスラボ	40,350	
14	2017/9/6	(株)エイコー	190,070	

自分が担当している取引先だけ、オートフィルターで表示したい

ポイント

表の見出しを選択して Ctrl + Shift + L キーを押すと、フィルターのボタンが表示されます。

フィルターから取引先に1件1件チェックマークを付けて抽出することもできますが、手作業では取引先が多いと大変面倒です。

そこでおすすめなのは、自分が担当している取引先だけ、D列に記号「*」を入れて、フィルターで記号を抽出する方法です。フィルターで「*」を選ぶだけで抽出できるので、何度も同じ作業を繰り返す必要がありません。

例：自分が担当している取引先をフィルターで抽出

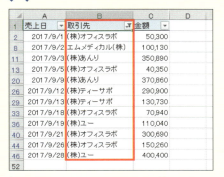

毎回、取引先にチェックマークを付けるのはミスが起こりやすい

D列に担当の取引先に「*」を付けて、抽出する

📄 担当の取引先に記号を付ける方法を考える

　自分が担当する取引先だけに「*」を付けるにはどうしたらいいでしょうか？行いたい処理は「自分が担当している取引先には『*』を表示、それ以外は空欄」なので、定石としてはIF関数が考えられます。

IF関数で数式を組むと……

```
=IF(OR(B2="(株)あんり",B2="(株)オフィスラボ",B2="(株)
ティーサポ",B2="(株)ユー",B2="エムメディカル(株)"),"*","")
```

①上記の関数を入力

②セルD2を表の下までドラッグしてコピー

複雑な数式だが、一応担当の取引先だけに「*」が付いた

　正直、これでは数式がかなり複雑です。加えて、引数の中で、セル参照ではなく直接取引先名を入力しているため、担当先が増減した際のメンテナンスも大変です。

IF関数の代わりに使えるVLOOKUP関数

「『A=○』または『A=△』または『A=×』または……のときは□を表示する」のように、「=」で判定する条件が何回も続くときは、IF関数ではなくVLOOKUP関数を使うと数式が簡潔になります。

下準備として、「担当先一覧」が必要です。自分が担当している取引先を縦に並べて、その右横のセルに「*」を入れます。こうして一覧にまとめておくと、取引先が増減したり、社名が変わったりしたときにも管理しやすいです。

［担当先一覧］シート（参照表）

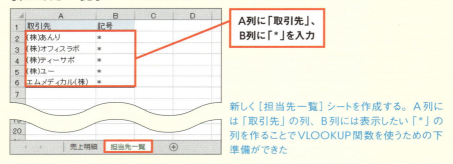

A列に「取引先」、B列に「*」を入力

新しく［担当先一覧］シートを作成する。A列には「取引先」の列、B列には表示したい「*」の列を作ることでVLOOKUP関数を使うための下準備ができた

次に、［売上明細］シートのセルD2にVLOOKUP関数の数式を考えます。

今回の作業の目的は、「自分が担当する取引先を担当先一覧から探して、記号を表示する」でした。これを日本語で表現すると、次のようになります。

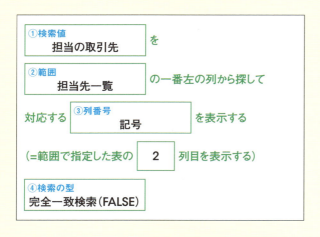

これを数式化してデータを処理していきましょう。数式には、VLOOKUP関数のほかにIFERROR関数を組み合わせています。これは、担当先一覧に指定した「取引先」が載っていないときに「#N/A」とエラーが表示されるのを回避するためです。今回は、エラーの代わりに「空欄」を表示するように指定しています。

=IFERROR(VLOOKUP(B2,担当先一覧!$A$2:$B$999,2,FALSE),"")
　　　　　　　　①　　　②　　　　　　　　③　④

CASE4-03　IFERRORのエラー処理…P.115

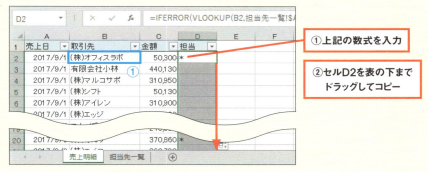

［売上明細］シート

①上記の数式を入力

②セルD2を表の下までドラッグしてコピー

［担当先一覧］シート（参照表）

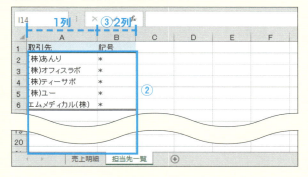

あとは、冒頭でも説明したように、担当列にあるフィルターを使って「*」を抽出すれば、担当している取引先だけを表示できます。

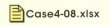

CASE 4-08 商品の重量に応じた送料を計算したい

VLOOKUPの
条件分岐型

続いて、「条件分岐型」のVLOOKUP関数の活用例を紹介します。たとえば、次の例のように商品の配送料が重量によって変わるとします。

例：重量から送料を求めたい

[売上明細]シート

	A	B	C	D
1	取引先	売上高	梱包重量	送料
2	(株)アクトナレッジ	234,098	39	
3	(株)できる製菓	52,309	25	
4	成田製造(株)	527,801	69	
5	(株)インプレッションズ	389,829	100	

[送料表]シート（参照表）

	A	B	C	D	E
1	重量(kg)			送料(円)	
2	以上		未満		
3	0	～	30	2,300	
4	30	～	40	2,400	
5	40	～	60	2,600	
6	60	～	80	2,900	
7	80	～	100	3,200	
8	100	～		発送不可	

［送料表］シートの算出方法に従い、［売上明細］シートにある「梱包重量」（C列）に応じて「送料」（D列）を求めましょう。真っ先にどんな関数が頭に浮かぶでしょうか？

「重量に応じて送料を変化させたい」という事例なので、定石としては、最初にIF関数が使えるかどうかを考えるところです。実際、今回のケースではIF関数を入れ子にすることで数式を組めますが、下のように数式がとても複雑になってしまい、見るからに難しそうです。

例：IF関数をセルD2に入力すると……

=IF(C2<30,2300,IF(C2<40,2400,IF(C2<60,2600,IF(C2<80,2900,IF(C2<100,3200,"発送不可")))))

IF関数よりもVLOOKUP関数で考えよう

ここでもIF関数の代わりに使えるのが、VLOOKUP関数です。今回の条件分岐を言い換えると、このように表現できます。

- 「0」以上「30」未満のときは「2,300」を表示する
- 「30」以上「40」未満のときは「2,400」を表示する
    ︙
- 「100」以上のときは「発送不可」を表示する

上記のように条件の部分に「〜以上〜未満」という形が続くときには、VLOOKUP関数が使えます。ただし、今回はこれまでとは異なり、[検索の型]を**「TRUE」（近似値検索）**にして使います。

近似値検索とは、一致するデータがない場合に、**指定した[検索値]より小さいデータのうち、最も近い値（近似値）を取得する機能**です。完全一致検索の場合と異なり、あらかじめ[範囲]の一番左の列を「昇順」（小さい→大きい）に並べ替えておく必要があるので注意してください。

近似値検索で一致するデータがない場合には、（[範囲]の一番左の列が昇順に並べ替えられているので）[検索値]に対応するデータが本来あるはずの位置の1つ上の行が抽出されます。今回のケースでは、下の図のように梱包重量の「39」を[検索値]で指定した場合、[送料表]シートのA列には一致する値がありません。そのためここでは近似値（1つ上の行）である「30」の行が抽出され、セルD2には「2,400」が表示されます。

[売上明細]シート　　　　　　　　　　[送料表]シート（参照表）

①「=VLOOKUP(C2,送料表!$A$3:$D$999,4,TRUE)」を入力

「39」は本来この位置にある

該当する行がないときは、1つ上の行（=30の行）を返す

検索の型「TRUE」を使って数式を組む

これまでと同じように、今回の作業内容を日本語で表現し、数式を作っていきましょう。

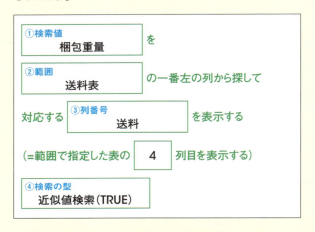

=VLOOKUP(C2,送料表!$A$3:$D$999,4,TRUE)
　　　　　①　　　②　　　　　　　③　④

数式を組むときのポイントは、「○○以上」の情報が入っている列を、[範囲]の一番左に配置することです。それ以外は、完全一致検索（FALSE）と同じように考えれば大丈夫です。

送料表を使って、梱包重量に対する送料を求めることができた

第 5 章

集計・分析の質とスピードが変わる

SUMIFS関数
COUNTIFS関数

複数の条件で合計値を計算できるSUMIFS関数

　本書で紹介している5つの関数の中でも、最も重要度が高いものがSUMIFS関数です。**指定した条件に合うデータのみを合計する関数**であり、ビジネスでもよく目にする「○○別に集計した表」を作ることができます。さまざまな切り口で集計することは、重要な判断をするときに欠かせないでしょう。

　たとえば、次のようにA列からC列に売上明細があるとしましょう。セルF2にSUMIFS関数を入力してセルF6までコピーすると、売上金額を「取引先別」に集計した表ができます。

例：取引先別に金額を集計

	A	B	C	D	E	F
			=SUMIFS($C$2:$C$15,$B$2:$B$15,$E2)			
1	売上日	取引先	金額		取引先	金額
2	2017/9/1	(株)アイレン	310,900		(株)Fシステム	1,312,310
3	2017/9/1	(株)あんり	350,890		(株)あんり	721,750
4	2017/9/1	(株)Fシステム	330,970		(株)アイレン	802,080
5	2017/9/1	(株)エイコー	190,070		(株)エイコー	931,380
6	2017/9/1	(株)Fシステム	440,240		(株)エストバー	531,050
7	2017/9/2	(株)エストバー	240,890			
8	2017/9/2	(株)あんり	370,860			
9	2017/9/2	(株)エイコー	360,790			
10	2017/9/2	(株)アイレン	40,800			
11	2017/9/2	(株)Fシステム	250,960			
12	2017/9/3	(株)アイレン	450,380			
13	2017/9/3	(株)Fシステム	290,140			
14	2017/9/3	(株)エイコー	380,520			
15	2017/9/3	(株)エストバー	290,160			
16						

① 「=SUMIFS($C$2:$C$15,$B$2:$B$15,$E2)」と入力

② セルF2をセルF6までドラッグしてコピー

取引先別に売上金額を集計する表を作れた

SUMIFS関数を使うと、先ほどの「取引先別」という1つの条件だけでなく、「取引先別・日別」などの2つ以上の条件を指定して集計することも可能です。指定する条件によって、さまざまな角度から元データの特徴を読み取れることから、マーケティングやデータ分析などの業務に役立ちます。こういった業務では大量のデータを扱うことが多いので、SUMIFS関数をマスターしておくと作業効率が驚くほど上がります。

SUMIFS関数のイメージを掴む

　SUMIFS関数を使いこなすには、計算の流れをイメージすることが大切です。そこで、まずは手作業で処理をするときの手順を考えてみましょう。たとえば「(株)Fシステム」の売上金額を手作業で集計するときは、次のようになります。

①取引先列で「(株)Fシステム」に該当するものを上から順番に探す
②該当する場合、取引先欄に「チェック」を付ける
③最後の行まで確認したら「チェック」を付けた行の金額を合計する

	A	B	C	D	E	F	G
1	売上日	取引先	金額		取引先	金額	
2	2017/9/1	(株)アイレン	310,900		(株)Fシステム	1,312,310	
3	2017/9/1	(株)あんり	350,890				
4	2017/9/1	(株)Fシステム ✓	330,970				
5	2017/9/1	(株)エイコー	190,070				
6	2017/9/1	(株)Fシステム ✓	440,240				
7	2017/9/2	(株)エストバー	240,890				
8	2017/9/2	(株)あんり	370,860				
9	2017/9/2	(株)エイコー	360,790				
10	2017/9/2	(株)アイレン	40,800				
11	2017/9/2	(株)Fシステム ✓	250,960				
12	2017/9/3	(株)アイレン	450,380				
13	2017/9/3	(株)Fシステム ✓	290,140				
14	2017/9/3	(株)エイコー	380,520				
15	2017/9/3	(株)エストバー	290,160				
16							

　「チェックを付けて、合計する」という一連の流れをイメージすることが、SUMIFS関数を理解する上で重要です。条件が複数の場合も考え方はまったく一緒で、たとえば「2017/9/1」の「(株)Fシステム」の売上金額を集計したいときは、その2つの条件に当てはまるデータをチェックして集計します。どちらか1つに当てはまるデータではなく、**すべての条件を満たしている行のみが抽出される**ことに注意してくださいね。

SUMIFS関数の書式

それでは、SUMIFS関数の使い方を解説します。

SUMIFS(合計対象範囲, 条件範囲1, 条件1, …)
　　　　　①　　　　　　②　　　　　③

- ① **合計対象範囲**:「合計」を取りたい範囲を指定します
- ② **条件範囲1**:「条件」の判定に使う範囲を指定します
- ③ **条件1**: 条件を指定します

なお、複数の条件を指定するときは、②と③の引数を1セットとして扱い、次のように指定したい条件の数だけ繰り返します。

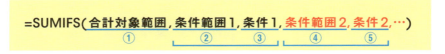

これではあまりイメージが湧かないと思うので、具体例を紹介しましょう。

条件が1つの場合

たとえば、前ページで行った「(株)Fシステム」の金額集計を日本語で表現すると、次のようになります。

SUMIFS関数を日本語で表現するときのポイントは2つです。

- どの列（合計対象範囲）の金額を集計するのか？
- 集計する条件は、どの列（条件範囲1）がどんな値（条件1）のときか？

この2つのポイントを考えながら、上記のように穴埋めをしていくわけです。

先ほどの日本語を数式化すると、次のようになります。

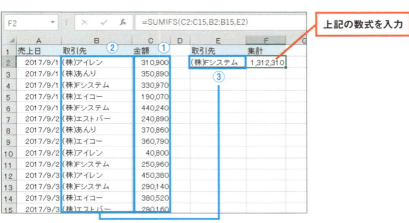

　SUMIFS関数を使うときには、通常、[合計対象範囲]と[条件範囲]は、それぞれ「C2:C15」と「B2:B15」というように、1列だけ、しかも行数が同じになるように指定します。複数の[条件範囲]がある場合も同様で、すべての[合計対象範囲]と[条件範囲]を1列だけ、行数が同じになるように指定します。

条件が複数の場合

　先ほどの条件に売上日が「2017/9/1」という条件を追加しても集計できます。条件が複数に増えたので、指定する引数の数も次のように増えます。

=SUMIFS(C2:C15,A2:A15,E2,B2:B15,F2)
　　　　　①　　　　②　　　　③　　④　　　⑤

集計する前の下準備が大事!

SUMIFS関数の実践に入る前に、集計元になる元データ(データベースとも言います)を整えておく必要があります。これから紹介する2つのポイントを理解できていないと、エラーになり正しく集計できません。しっかり押さえておきましょう。

①1行ごとに1件のデータを入力する

条件に合ったデータを探すとき、同じ行に入力されているデータを1つのデータと考えて、データ処理を行っています。そのため、**元データは1行に1件のデータ**を入れ、さらに**データの件数だけ下方向に長く記録**していくことが鉄則です。

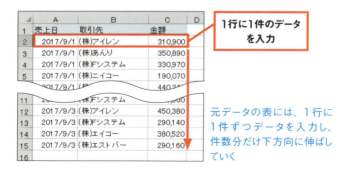

元データの表には、1行に1件ずつデータを入力し、件数分だけ下方向に伸ばしていく

②連続する同じ値の入力を省略しない

　左下の画面のように同じ日付が続く場合、データ入力を省略することがあります。しかし、SUMIFS関数では元データの表に空欄があると、集計できません。このような表には、加工が必要です。たとえば、第3章のCASE3-08で解説した「空欄を埋める」を実践することで、手作業ではなく自動で空欄を埋めることができます。

CASE3-08　データ処理の下準備…P.090

売上日に空欄があるとSUMIFS関数は正しく集計されない

IF関数を使って空欄を埋める。SUMIFS関数を使うときはD列を参照する

活用のヒント

SUMIF関数は使いません!

　条件が1つしかない場合はSUMIF（サムイフ）関数も使えます。しかし、SUMIFS関数と引数の順番が異なります。SUMIFS関数でも、まったく同じことができるので、あえてSUMIF関数を使う必要はないでしょう。

SUMIF(条件範囲,条件,合計対象範囲)
　　　　①　　　②　　③

第5章　集計・分析の質とスピードが変わるSUMIFS関数／COUNTIFS関数

3つの「型」を覚えて SUMIFS関数を使いこなす

　SUMIFS関数は「○○別・△△別に集計する」という場面で使うのが一般的ですが、さらに場面を細分化して考えると数式が組みやすくなります。
　そこで本書では、SUMIFS関数を3つの「型」に分類して説明します。**「基本型」「集約型」「マトリックス型」**です。それぞれどんな特徴があるのか、紹介するケーススタディと合わせて解説します。

基本型

　基本型は、その名の通り最も基本的な使い方で、元データに元々ある項目から[条件]を指定して集計するパターンです。下の画面では、取引先（B列）に含まれる項目を条件に指定し集計しています。

	A	B	C	D	E	F
1	★元データ				★集計表	
2	売上日	取引先	金額		取引先	集計
3	2017/9/1	(株)アイレン	310,900		(株)Fシステム	1,022,170
4	2017/9/1	(株)あんり	350,890			
5	2017/9/1	(株)Fシステム ✓	330,970			
6	2017/9/1	(株)エイコー	190,070			
7	2017/9/1	(株)Fシステム ✓	440,240			
8	2017/9/2	(株)エストバー	240,890			
9	2017/9/2	(株)あんり	370,860			
10	2017/9/2	(株)エイコー	360,790			
11	2017/9/2	(株)アイレン	40,800			
12	2017/9/2	(株)Fシステム ✓	250,960			

基本型は条件範囲に含まれる項目から条件を指定する

CASE5-01：売上明細から商品別の売上高を集計する（P.145）
CASE5-03：売上明細から支店別・性別で比較できる表を作ろう（P.151）

集約型

　集約型は、元データにある項目以外の［条件］で集計したいときに使うパターンです。たとえば下の画面のように、主要な取引先以外を「その他」にまとめたいときなどに使います。詳しくはこの後のケーススタディで解説していきますが、集約用の項目（列）を作成し、SUMIFS関数で集計します。

CASE5-04: 日付別PV数を月別に集計するには (P.154)
CASE5-05: 主要な取引先以外を「その他」にまとめて集計する (P.157)

マトリックス型

　SUMIFS関数の中でも、ビジネス資料でよく見かけるのが、このマトリックス型の集計表です。「縦軸」だけを集計している基本型や集約型とは異なり、元データの表にまとまっているデータを「縦軸」と「横軸」の2つの条件で集計しています。

	A	B	C	D	E	F	G	H
1	★元データ				★集計表			
2	売上日	取引先	金額			2017/9/1	2017/9/2	2017/9/3
3	2017/9/1	(株)アイレン	310,900		(株)Fシステム	771,210	250,960	0
4	2017/9/1	(株)あんり	350,890		(株)あんり	350,890	370,860	290,140
5	2017/9/1	(株)Fシステム	330,970		(株)アイレン	310,900	40,800	450,380
6	2017/9/1	(株)エイコー	190,070		(株)エイコー	190,070	360,790	380,520
7	2017/9/1	(株)Fシステム	440,240		(株)エストバー	0	240,890	290,160
8	2017/9/2	(株)エストバー	240,890					
9	2017/9/2	(株)あんり	370,860					
10	2017/9/2	(株)エイコー	360,790					
11	2017/9/2	(株)アイレン	40,800					
12	2017/9/2	(株)Fシステム	250,960					
13	2017/9/3	(株)アイレン	450,380					
14	2017/9/3	(株)あんり	290,140					
15	2017/9/3	(株)エイコー	380,520					
16	2017/9/3	(株)エストバー	290,160					

元データにある「売上日」と「取引先」の2つの条件を使って、マトリックス型に集計している

CASE5-06: 取引先と商品の2軸で分析する売上集計表を作ろう（P.160）
CASE5-07: 月初在庫・入荷・出荷のデータから商品在庫の推移を見る（P.163）

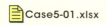

CASE 5-01 売上明細から商品別の売上高を集計する

SUMIFSの基本型

本章の最初のケーススタディでは、「基本型」のSUMIFS関数の使い方を解説していきます。下の表のような売上明細があったとき、「みかん」「りんご」「すいか」のように商品別の売上高を求めてみましょう。

例：商品別の売上高を求める

	A	B	C	D
1	納品日	商品	売上高	
2	2017/9/1	みかん	52,309	
3	2017/9/1	りんご	230,598	
4	2017/9/2	みかん	32,408	
5	2017/9/2	みかん	605,484	
6	2017/9/3	すいか	98,257	
7	2017/9/3	りんご	340,968	
8	2017/9/4	みかん	85,763	
9	2017/9/4	すいか	103,984	
10	2017/9/4	りんご	540,986	
11	2017/9/5	みかん	45,086	
12	2017/9/5	すいか	235,709	
13	2017/9/6	りんご	65,098	
14	2017/9/7	りんご	5,986	
16			計	
17		みかん	821,050	
18		りんご	1,183,636	
19		すいか	437,950	
20				
21				

元データ（売上明細）

集計表（商品別に売上高を集計する）

セルC17〜C19に商品別の売上高を求める

日本語化してから数式を組もう

最初に、「みかん」の合計値にあたるセルC17に入れるSUMIFS関数を考えてみましょう。

セルC17に表示させたいデータは「みかん」の売上高の合計なので、日本語で表わすと、次の図のようになります。

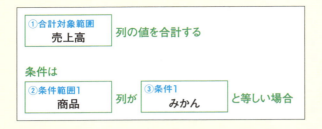

これを数式化すると次のようになります。

［条件］は元データの情報（セルB2）ではなく、集計表の見出し（セルB17）を参照するのがポイントです。もし集計表を一から作る場合は、あらかじめ［条件］として指定する項目をセルB17～B19のように見出しとして入力しておきましょう。

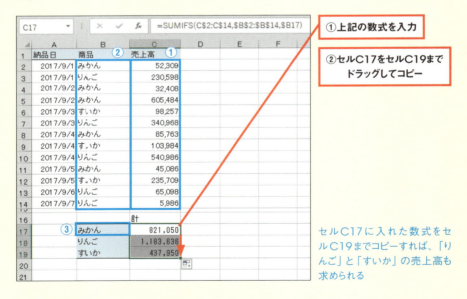

使い勝手のよさは絶対参照の付け方で決まる

　基本型のSUMIFS関数では、ほかのセルに数式を正しくコピーできるように、次のように絶対参照の指定をします。

①**合計対象範囲**:行だけ絶対参照　→　C$2:C$14
②**条件範囲**:絶対参照　→　$B$2:$B$14
③**条件**:列だけ絶対参照　→　$B17

　絶対参照を指定すると、下の画面のように売上高の列に加えて、「売上原価」「粗利益」列のように元データの項目が複数になっても、1つの数式をコピーするだけで集計できます。関数の活用においては、メンテナンス性の高さは重要なポイントです。

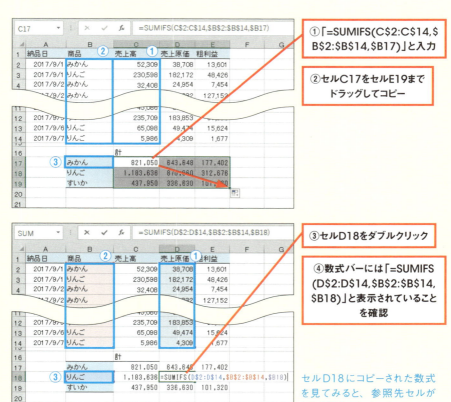

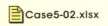

CASE 5-02
売上高の総合計を SUMIFS関数で 求めるには

SUMIFSと「<>」の記号

次は、CASE5-01の事例を使って集計表の下部で「総合計」を求めてみましょう。このときSUM関数を思い浮かべる人が多いと思いますが、ここではSUMIFS関数を使う方法を紹介します。

条件に特殊な指定をすることで、SUMIFS関数で総合計を求められます。

例：SUM関数を使って総合計を求める

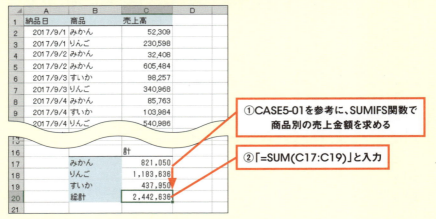

①CASE5-01を参考に、SUMIFS関数で商品別の売上金額を求める

②「=SUM(C17:C19)」と入力

例：SUMIFS関数を使って総合計を求める

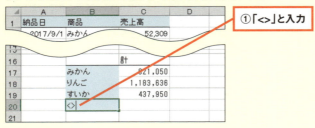

①「<>」と入力

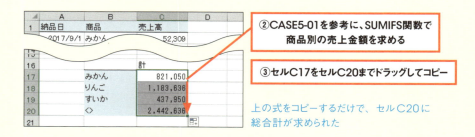

SUMIFS関数の方法では、セルC20に下の数式が入力されています。

=SUMIFS(C$2:C$14,$B$2:$B$14,$B20)
　　　　　①　　　　　②　　　　③

これを日本語で表現した下の図と、実際のExcelの画面を見比べてみましょう。それぞれの引数がどのセルを参照しているのかひと目で分かります。

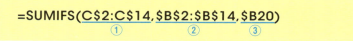

［条件］で指定した「<>」は、B列が空欄でない値を意味する。この記号については、次のページで詳しく解説する

「＜＞」って何を意味しているの？

　今回は総合計をSUMIFS関数で求めるために、「＜＞」という記号をセルB20に入力し、SUMIFS関数の［条件］として使うのがポイントでした。では、この「＜＞」とは一体何を示しているのでしょうか？

　セルB20に入力されている「＜＞」（ショウナリダイナリ）は、「○○と等しくない」という意味を表す記号です。たとえば、「＜＞みかん」という条件は、「みかんと等しくない」という意味になります。数式に文字列を入力する場合と異なり、不等号の後に文字列を入れる場合でも「"」（半角のダブルクォーテーション）で囲みません。

　今回のように「＜＞」の右側に何も条件を書かない場合は、**「空欄と等しくない」**という意味になります。先ほどの集計表を見ると、商品（条件範囲）にはすべてのセルに商品名が入力されているため、空欄がありません。そのため、［条件］に「＜＞」を指定することで、「空欄以外のすべてのセル」＝「総計」が集計できるのです。

「＜＞」の使用例

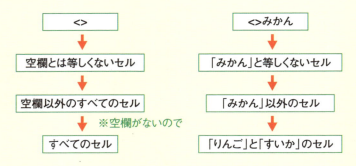

　なお、SUMIFS関数では「＜＞」のほかにも、「＝」「＜」「＜＝」「＞」「＞＝」といった条件を指定できます。

　SUMIFS関数と「＜＞」の記号を組み合わせて使うことで、SUM関数を使う手順と比べ、数式の入力回数を減らすことができました。今回はSUM関数を1回入れるかどうかの違いなので、あまり大きな影響はありませんが、集計表に「小計」「総計」が複数入る場合は大きな効果を発揮します。次のケーススタディでは、そんな「小計」「総計」を求める場面を紹介します。条件に「＜＞」を入れて考えてみましょう。

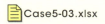

CASE 5-03 売上明細から支店別・性別で比較できる表を作ろう

SUMIFSの基本型（複数条件の場合）

今度は、「支店別」・「性別」の購入金額を集計してみましょう。CASE5-01とは違い、「支店別」「性別」と複数の条件があることがポイントです。

今回の集計表でも、CASE5-02で紹介した「<>」の記号を使って、SUMIFS関数だけで「小計」「総計」を求めてみましょう。

例：支店別・性別の小計と全体の総計を求める

	A	B	C	D
1	購入日	支店	性別	金額
2	2017/12/10	東京	男	23,218
3	2017/12/10	大阪	女	3,612
4	2017/12/10	東京	女	23,212
5	2017/12/10	東京	男	3,435
6	2017/12/11	大阪	女	9,887
7	2017/12/12	大阪	男	5,423
8	2017/12/12	東京	男	19,867
9	2017/12/12	東京	女	2,343
10	2017/12/13	大阪	女	22,318
11	2017/12/14	大阪	男	21,243
12				
13		総計		
14		東京	計	
15			男	
16			女	
17		大阪	計	
18			男	
19			女	
20				

東京の「全体」「男」「女」、大阪の「全体」「男」「女」ごとの金額と総計を求める

見出しの空欄は埋めておく

上の赤枠で囲まれた集計表を見ると、見出し部分に空欄セルがあり、そのままではSUMIFS関数の条件に使えません。次の画面を参考に空欄を埋めましょう。また、CASE5-02で解説したように、総計や小計を求めたいセルの見出し（SUMIFS関数の［条件］）には、「<>」と入力します。

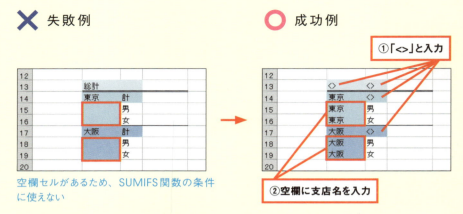

これで、SUMIFS関数で小計・総計を求める準備が整いました。

複数条件の数式を考えてみよう

次に、セルD13に入れる数式を日本語で表現し、数式を作っていきます。
今回は「支店別」「性別」と2つの条件があるため、指定する引数を増やします。［条件］と［条件範囲］の引数を1セットに、条件を増やしていきましょう。

［条件］で指定している「<>」は「空欄以外と等しい」という意味です。支店列、性別列ともに空欄がないので、この指定で総合計を取ることができます。
先ほどの日本語を、数式化すると次のようになります。

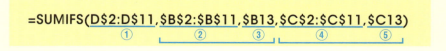

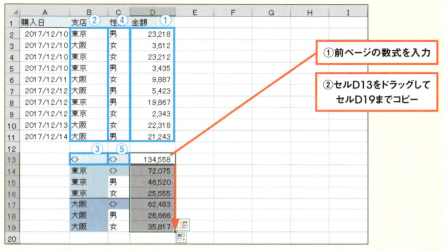

［条件］の組み合わせが複数ある場合も、1つの数式をコピーするだけで求められる

活用の ヒント	正式な場で使う集計表は 別シートに移動して、「<>」を非表示に

　正式な場で提出する集計表では、見出しに「<>」と表示させたくない場合もあります。その場合、提出用のシートを新規作成し、そこに元データの集計表を切り取り・貼り付けして、レポート用に加工します。参照用のデータは非表示にするか印刷範囲から外しましょう。

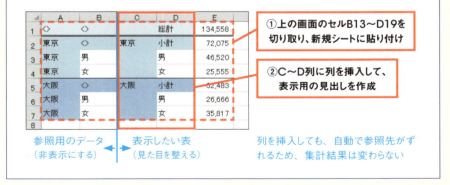

CASE 5-04 日付別のPV数を月別に集計するには

SUMIFSの集約型（MONTHを使用）

このケーススタディでは、SUMIFS関数の「集約型」について解説します。143ページの例で紹介したように、元データに、集計に直接使える項目がないときに、新たにデータを集約して［条件範囲］を作るのが「集約型」です。

ここでは、PV数（Webページの閲覧回数）が日付別で記録されたデータを月別で分析したいときを例に考えてみましょう。SUMIFS関数で月別に集計するためには、元々ある「日付」列とは別に「月」列が必要になります。

SUMIFS関数の3つの型…P.143

例：日付別のPV数を月別に集計したい

	A	B	C	D	E	F	G	H
1	日付	PV数	DL数		月	PV数		
2	2018/1/6	310,900	5		1月			
3	2018/1/12	350,890	13		2月			
4	2018/1/19	330,970	3		3月			
5	2018/1/27	190,070	2		4月			
6	2018/2/1	440,240	6					
7	2018/2/3	240,890	7					
8	2018/2/7	370,860	6					
9	2018/2/9	360,790	9					
10	2018/2/15	40,800	14					
11	2018/2/20	250,960	21					
12	2018/2/21	450,380	23					

月ごとのPVを求めたいが元データとなる集計表には「月」列がない。そこで、新たに「月」列を挿入する

足りないデータは自分で作る

ここでは、新しくD列に「月」の列を挿入します。そして、そこに日付データから「月」を抜き出せるMONTH関数を入力します。

MONTH関数：日付から「月」を取り出す

MONTH（日付）

その際、注意すべき点が2つあります。

SUMIFS関数を使うときは、[条件]と[条件範囲]の引数はデータの種類（数値か文字列か）まで含めて完全に一致させる必要があります。今回は、セルF2（[条件]）が「1月」という表記になっているため、セルD2（[条件範囲]）にも「1月」と入れなくてはなりません。

単純に「=MONTH(A2)」と入力すると、「1」というデータにしかならず失敗してしまいます。

❌ 失敗例

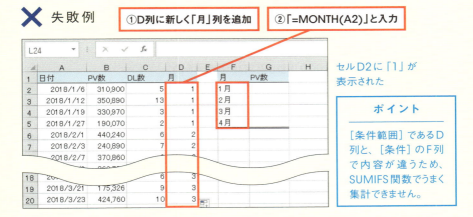

そこで、「=MONTH(A2)&"月"」という数式で、月数の後ろに「月」という文字を連結させます。あとは、この数式をコピーすれば、「1月」「2月」というデータを作ることができます。

⭕ 成功例

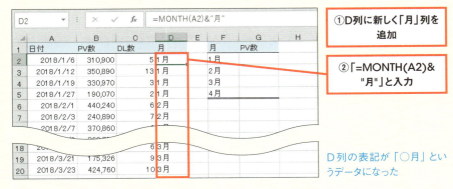

SUMIFS関数を使って集計する

あとはこれまで通り、SUMIFS関数を使って集計します。

=SUMIFS(B$2:B$999,$D$2:$D$999,$F2)

セルG2～G5に月別のPV数を集計することができた

　なお、定期的に元データの表にデータが追加されていく場合は、［合計対象範囲］と［条件範囲］の指定を**「999行目」**というように**十分に余裕をもった行数を指定**しておくといいでしょう。こうしておけば、データが増えたときも、数式を変更せずに対応できるため便利です。

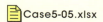

CASE 5-05 主要な取引先以外を「その他」にまとめて集計する

SUMIFSの集約型
（VLOOKUPを使用）

引き続き、実務でよくある「集約型」の活用事例を解説していきます。

今回のケーススタディで扱うデータは、取引先ごとの受注件数一覧です。このデータを使って、主要な取引先は個別に集計し、残りは「その他」でまとめた集計表を作りたいとします。

例：主要な取引先以外を「その他」にまとめて集計

	A	B	C	D	E	F
1	取引先	受注件数			取引先	受注件数
2	(株)アンド	3,453			(株)カンドー	
3	(株)カンドー	3,542			(株)トーカイ	
4	(株)キリア	987			(有)希林	
5	(株)世田谷	2,123			(株)アンド	
6	(株)トーカイ	232			その他	
7	(株)大和	454				
8	(有)希林	2,397				
9	(株)スカイ企画	312				
10	(株)リシェア	986				
11	八彩(株)	576				
12	ミナト(有)	765				
13	リテール(株)	1,628				

セルE2～E5以外の取引先を「その他」として集計したいが、取引先（A列）に「その他」がない

	A	B	C	D	E	F
1	取引先	受注件数	集約先		取引先	受注件数
2	(株)アンド	3,453	(株)アンド		(株)カンドー	
3	(株)カンドー	3,542	(株)カンドー		(株)トーカイ	
4	(株)キリア	987	その他		(有)希林	
5	(株)世田谷	2,123	その他		(株)アンド	
6	(株)トーカイ	232	(株)トーカイ		その他	
7	(株)大和	454	その他			
8	(有)希林	2,397	(有)希林			
9	(株)スカイ企画	312	その他			
10	(株)リシェア	986	その他			
11	八彩(株)	576	その他			
12	ミナト(有)	765	その他			
13	リテール(株)	1,628	その他			

主要な取引先以外を「その他」と表示する列を作る

このように、元データの一部を「その他」に集約したいときは、CASE5-04と同様に「集約用」の列を作り、項目名を入力するのが基本です。手入力はミスにつながるので関数を組み合わせて表示しましょう。

🔲 VLOOKUP関数で「その他」をまとめる

C列に主要な取引先と「その他」にまとめるには、**VLOOKUP関数とIFERROR関数**を使います。

関数の書式

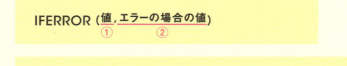

セルC2に入力する数式

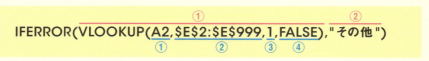

VLOOKUP関数を使うと、E列に取引先があれば、その取引先名が表示されます。ここでは［列番号］に「1」を指定していますが、こうすることで次ページの画面にあるように、［検索値］で指定したデータそのものを得ることができます。

一方で、たとえばセルA4の「(株)キリア」のように、E列に取引先がないときには「#N/A」エラーが表示されてしまいます。そこで、CASE4-03で紹介したIFERROR関数を利用します。IFERROR関数を使うと、数式がエラーになるときに、別の値を表示させることができます。E列に取引先がないときは「その他」と表示させたいので、IFERROR関数を使って、エラー値を「その他」に置き換えます。

CASE4-03　IFERRORのエラー処理…P.115

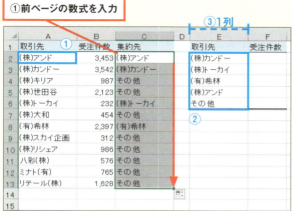

このようにして、集計表の見出し（E列）と同じ情報をC列に表示できたら、あとは次のようにSUMIFS関数を使って集計を行うだけです。

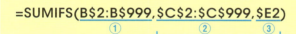

Case5-06.xlsx

CASE 5-06 取引先と商品の2軸で分析する売上集計表を作ろう

SUMIFSの
マトリックス型

次に紹介するのは、「マトリックス型」のSUMIFS関数です。売上明細のデータから取引先別・商品別に売上高を集計します。これまでの活用事例とは違い、縦軸と横軸に2つの条件を設定して、元データを集計するのが特徴です。

下の画面のように基本型でも集計できますが、2軸で集計したマトリックス型の方が「取引先」と「商品」の2つの関係が明確になります。2つの項目の関係を見やすくまとめたいときは、このマトリックス型で集計しましょう。

例：取引先別・商品別に売上高を集計

元データ

マトリックス型の場合

基本型の場合

元データが同じでも、集計表の形が変われば数字から見えてくるものも変わる

形は変わっても考え方は一緒

　集計表のレイアウトがマトリックス型になっても、数式の考え方はこれまでのSUMIFS関数と同じです。
　次ページの上の画面と合わせて数式を考えていきましょう。最初に、セルG3に入力するSUMIFS関数を作ります。セルG3に表示させたいデータは「(有)希林」の「すいか」の売上高合計です。これを日本語で表すと、下のようになります。

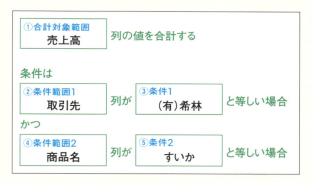

　この日本語を数式化すると、次のようになります。元データが増えることも考えて、[合計対象範囲]と[条件範囲]は999行目まで参照しています。

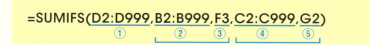

マトリックス型は絶対参照の付け方がミソ

　ただし、このまま数式を右、あるいは下にコピーしても正しく計算できません。そこで、正しく集計できるように絶対参照を付けていきましょう。
　絶対参照の付け方は、次のようになります。

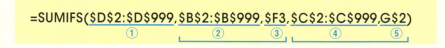

セルG3～I5に取引先別・商品別に集計された売上高を求めることができた

マトリックス型のSUMIFS関数の参照にも法則があります。元データへの参照は「絶対参照」、横軸の見出しへの参照は「列だけ絶対参照」、縦軸の見出しへの参照は「行だけ絶対参照」を付けます。これさえ覚えておけば、指定を間違えることはありません。

縦横の見出しへの絶対参照の付け方に難しさを感じるかもしれませんが、これは第1章で解説したマトリックス表の絶対参照のルールとまったく同じです。

横軸の見出しは「F列」だけ、縦軸の見出しは「2行目」にしかありません。そこで、横軸の見出し（F列）への参照は「列だけ絶対参照（$F3）」、縦軸の見出し（2行目）への参照は「行だけ絶対参照（G$2）」と入力します。

CASE1-01 マトリックス表の計算…P.036

CASE 5-07 月初在庫・入荷・出荷のデータから商品在庫の推移を見る

SUMIFSのマトリックス型

SUMIFS関数を使った最後のケーススタディは、少し難易度が高めの事例です。これまでの復習も兼ねて取り組んでみましょう。

別々のシートで管理されている「月初在庫明細」「入荷明細」「出荷明細」の3つのデータから、商品ごとの1ヶ月間の在庫推移表を作ります。

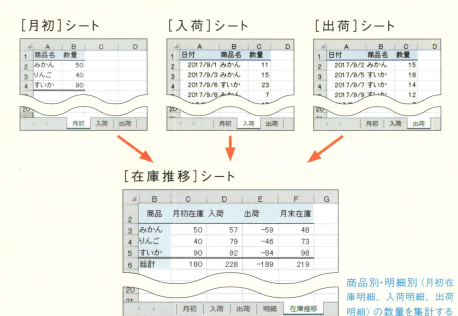

商品別・明細別（月初在庫明細、入荷明細、出荷明細）の数量を集計する

ひと目見ただけではSUMIFS関数での集計がイメージしにくい表ですが、やっていることは「商品別・明細別の数量を合計」なので、SUMIFS関数で推移表を作れます。3つのシートをばらばらに眺めていてもイメージが湧きませんが、3つのシートを1つにまとめると、処理の仕方が見えてきます。

3つのシートをまとめて集計

まずは、別々に分かれているシートを1つのシートにまとめてみましょう。ここでは新規に［明細］シートを作って操作していきます。

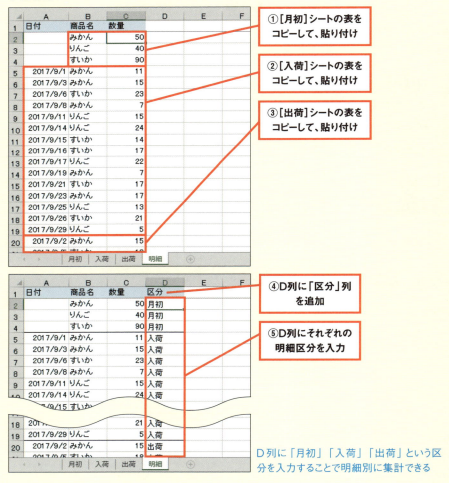

区分に「月初」「入荷」「出荷」を入力することで、明細（区分）別で集計できるようになります。

出荷数量は「－(マイナス)」に変える

ここで、第2章で紹介したCASE2-03を思い出してください。月末在庫は「月末在庫＝月初在庫＋入荷－出荷」で計算できますが、数式中に引き算があるとSUMIFS関数で集計できません。そこで［明細］シートにひと手間加えます。

CASE2-03　SUMと負の数…P.048

出荷の数量をマイナス(-)の
表記に変更

ポイント

一般的に、集計したい金額・数量の中で影響が逆向きに出るものがある場合には、マイナス符号を付けて表に入力しておくと、SUMIFS関数で集計しやすくなります。
たとえば、次のような例が挙げられます。
・入金／出金データ→出金をマイナスで入力
・売上／返品データ→返品をマイナスで入力

月末在庫の集計上は引き算する「出荷」の数量を、負の数（-）に修正することで、「月末在庫＝月初在庫＋入荷＋(-出荷)」と足し算だけを使う形になり、SUMIFS関数を使って合計できるようになりました。これで元データとなる［明細］シートは完成です。次に集計表となる［在庫推移］シートを作ります。

月末在庫は「<>」を使って集計できる

SUMIFS関数を1回入力するだけで月末在庫まで一気に計算するため、CASE5-02で紹介した方法を使います。新しく［在庫推移］シートを作成したら、条件入力用のセルを別途A列と1行目に準備し、セルA6とセルF1に「<>」を入力します。「<>」をSUMIFS関数の［条件］として指定することで、6行目に全商品の合計、F列に全区分の合計（月末在庫）を表示できます。

CASE5-02　SUMIFSと「<>」の記号…P.148

[在庫推移]シート

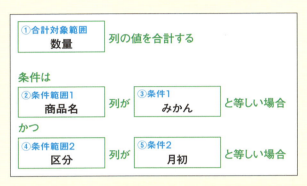

あとは、マトリックス型のSUMIFS関数を使ってセルC3に数式を入力します。

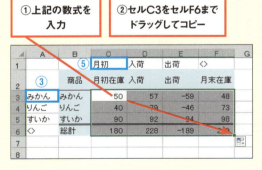

セルC3～F6に商品別に集計された月初在庫、入荷数量、出荷数量、月末在庫のデータを表示できた。A列と1行目は必要に応じて非表示にできる

データの件数を求める
COUNTIFS関数

次に紹介する関数は、**「○○別△△別の件数」**を求めるCOUNTIFS関数です。SUMIFS関数と比較すると、計算する対象が合計か件数かの違いだけで、使い方も「基本型」「集約型」「マトリックス型」で考えることができます。

最初に、COUNTIFS関数の計算を手作業で処理するときの手順を考えてみましょう。たとえば「(株)Fシステム」の売上件数を集計するときの流れは、以下のようになります。

① 取引先列が「(株)Fシステム」に該当するものを上から順番に探す
② 該当する場合、取引先欄に「チェック」を付ける
③ 最後の行まで確認したら「チェック」を付けた行の件数を数える

例:「(株)Fシステム」の取引件数を数える

ポイント

指定する条件が複数あるときは、SUMIFS関数と同じで、すべての条件を満たしている行の個数を数えます。

SUMIFS関数のイメージを掴む…P.137 / SUMIFS関数の3つの型…P.142

COUNTIFS関数の書式

COUNTIFS関数を使うときは、次のような引数を指定します。

COUNTIFS(検索条件範囲1, 検索条件1, …)
　　　　　　　　①　　　　　　②

検索条件範囲1:「条件」の判定に使う範囲を指定
検索条件1:条件を指定

　SUMIFS関数と違って、合計を取らないため［合計対象範囲］の指定がありません。でも、そのほかの引数はまったく一緒です。
　複数の条件を指定するときは、次のように［検索条件範囲］と［検索条件］を1セットにして繰り返します。

=COUNTIFS(検索条件範囲1, 検索条件1, 検索条件範囲2, 検索条件2…)
　　　　　　　　①　　　　　　②　　　　　③　　　　　　④

　［検索条件範囲］の指定方法もSUMIFS関数と全く同じです。通常、［検索条件範囲］は「B2:B15」というように1列だけ指定をします。もし複数の［検索条件範囲］がある場合は、1つめは「B2:B15」、2つめは「C2:C15」というように、範囲に指定する行数が同じになるように指定します。
　先ほどの「(株)Fシステム」の件数を数える例は、次の数式で求められます。

例：「(株)Fシステム」の取引件数を集計

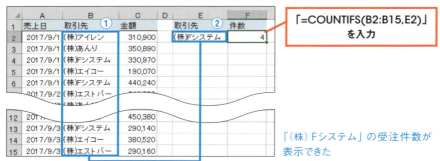

「=COUNTIFS(B2:B15,E2)」を入力

「(株)Fシステム」の受注件数が表示できた

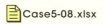

CASE 5-08 アンケートを職業別に集計して評価の特徴を掴む

COUNTIFSの マトリックス型

　COUNTIFS関数を使うと、複数の条件を指定してデータの件数を数えることもできます。ここでは、商品アンケートの集計結果を使って、「職業別」「評価別」に回答者の人数を集計してみます。アンケート結果のように集計結果から何らかの特徴を掴みたいときは、マトリックス型で集計してみましょう。

例：職業別・回答別に件数を集計

	A	B	C	D	E	F	G	H	I
1	★商品アンケート				★集計				
2	No.	職業	回答			良い	普通	悪い	
3	1	会社員	良い		会社員	15	3	2	
4	2	フリーター	良い		フリーター	12	5	1	
5	3	学生	悪い		主婦	1	4	8	
6	4	会社員	悪い		学生	2	7	8	
7	5	フリーター	良い						
8	6	学生	悪い						

COUNTIFS関数を使って、職業別・回答別に件数を集計したい

📖 COUNTIFS関数を日本語化して考える

　まずはこれまでの関数同様、数式に必要な情報を整理するために、セルF3に入力したい数式を日本語で考えていきます。

```
セルの個数を数える
条件は
  ①条件範囲1       ②条件1
     職業    列が    会社員    と等しい場合
かつ
  ③条件範囲2       ④条件2
     回答    列が    良い      と等しい場合
```

=COUNTIFS($B$3:$B$999,$E3,$C$3:$C$999,F$2)
　　　　　　①　　　　　②　　　③　　　　　④

①上記の数式を入力

②セルF3をセルH6までドラッグしてコピー

職業別・評価別の回答者数を集計することができた

　COUNTIFS関数の数式を組む際には、注意すべきポイントが2つあります。

　1つめは、**[検索条件範囲]は下の行まで十分指定する**ことです。ここでは余裕をもって「999行目」と指定しています。こうすることで、将来データが追加された場合にも、自動で追加分を集計できるようになるので便利です。

　2つめは、**絶対参照の付け方**です。何も付けないでいると、数式をほかのセルにコピーしたときに参照先も変化してしまい、うまく計算できなくなってしまいます。計算ミスを防ぐためにも、マトリックス型の絶対参照のルールに従って、絶対参照を指定してください。

CASE5-06　SUMIFSのマトリックス型…P.160

活用のヒント

COUNTIF関数も使いません!

　SUMIF関数と同じように、条件が1つしかない場合はCOUNTIF（カウントイフ）関数も使えます。しかし、COUNTIFS関数でも計算できるため、あえて使う必要はないでしょう。

COUNTIF(範囲,検索条件)

Excelの優秀な集計ツール ピボットテーブル

ピボットテーブルはSUMIFS関数によく似ている

　SUMIFS関数の機能は、データの合計でした。実は、Excelにはこれによく似た**ピボットテーブル**という機能があります。

　ピボットテーブルは、大量のデータを集計したり、分析したりできる機能です。項目を2つ以上作れば、データをマトリックス型に集計（クロス集計）することもできます。これだけを聞くとSUMIFS関数の機能とほぼ同じに思えるかもしれませんが、比べてみるとピボットテーブルには次のような長所があります。

- 難しい数式や関数を使わずに、マウス操作で簡単に表を作れる
- 集計の項目をクリックするだけで変更できる
- SUMIFS関数よりも処理が速い
- 見出しも含め集計表が自動生成されるので、手作業で作るよりとても楽

　表の作成や数式の入力などの手作業が減る分、ピボットテーブルを使うと時短につながりますが、SUMIFS関数に比べて、以下の短所もあります。

- 元データを変更しても自動で集計表に反映されない
- 集計表が自動生成されるため、様式を変更しにくい

　SUMIFS関数とピボットテーブルは、どちらもビジネスのExcelスキルには欠かせない存在です。SUMIFS関数が使われている集計表の多くは、ピボット

テーブルでも作れるので、長所と短所を見極めた上で、両者を使い分けられるようになりましょう。

使い分けの一番のポイントは、ピボットテーブルで自動生成される表の見た目に満足できるかどうかです。満足できないのであれば、SUMIFS関数を使って自分好みの表を作る方がいいでしょう。

支店別・性別に集計する

	A	B	C	D
1	購入日	支店	性別	金額
2	2017/12/10	東京	男	23,218
3	2017/12/10	大阪	女	3,612
4	2017/12/10	東京	女	23,212
5	2017/12/10	東京	男	3,435
6	2017/12/11	大阪	女	9,887
7	2017/12/12	大阪	男	5,423
8	2017/12/12	東京	男	19,867
9	2017/12/12	東京	女	2,343
10	2017/12/13	大阪	女	22,318
11	2017/12/14	大阪	男	21,243

SUMIFS関数の場合

	C	D	E	F
2	総合計		134,558	
3	東京	計	72,075	
4		男	46,520	
5		女	25,555	
6	大阪	計	62,483	
7		男	26,666	
8		女	35,817	

CASE5-03のように、SUMIFS関数で集計する

ピボットテーブルの場合

	A	B	C
3	行ラベル	合計 / 金額	
4	⊟大阪		
5	女	35,817	
6	男	26,666	
7	大阪 集計	62,483	
8	⊟東京		
9	女	25,555	
10	男	46,520	
11	東京 集計	72,075	
12	総計	134,558	

ピボットテーブルで集計表を作成。レイアウトなども自動で作成される

それでは実際に、ピボットテーブルの操作について解説していきます。

こんな表はピボットテーブルが使えない！

　ピボットテーブルを使う際、元データのレイアウトや保存場所によっては、集計できないことがあります。集計したい表が次の項目に当てはまる場合は、ピボットテーブルを使う前に表を整えておかなければなりません。

列名に空欄がある

　集計したい元データに列名が入っていなかったり、列自体が空欄だったりするとエラーが表示されてしまいます。必ず、空欄は埋めておきましょう。

✕ 表の見出しが空欄はNG

	A	B	C	D
1	購入日		性別	金額
2	2017/12/10	東京	男	23,218
3	2017/12/10	大阪	女	3,612
4	2017/12/10	東京	女	23,212
5	2017/12/10	東京	男	3,435
6	2017/12/11	大阪	女	9,887
7	2017/12/12	大阪	男	5,423
8	2017/12/12	東京	男	19,867
9	2017/12/12	東京	女	2,343
10	2017/12/13	大阪	女	22,318
11	2017/12/14	大阪	男	21,243

セルB1の見出しが空欄である

✕ 列全体が空欄もNG

	A	B	C	D	E
1	購入日		支店	性別	金額
2	2017/12/10		東京	男	23,218
3	2017/12/10		大阪	女	3,612
4	2017/12/10		東京	女	23,212
5	2017/12/10		東京	男	3,435
6	2017/12/11		大阪	女	9,887
7	2017/12/12		大阪	男	5,423
8	2017/12/12		東京	男	19,867
9	2017/12/12		東京	女	2,343
10	2017/12/13		大阪	女	22,318
11	2017/12/14		大阪	男	21,243

B列が空欄である

　また、次のようにB列を非表示にしている場合でも、セルB1が空欄だとエラーになってしまうので気を付けてください。

✕ 列が非表示でも空欄はNG

セルB1の見出しが空欄で、
B列が非表示になっている

データが複数のシートで管理されている

「1月」「2月」「3月」というように別々のシートで管理されているデータを集計したい場合、そのままでは計算ができません。ピボットテーブルで集計するには、SUMIFS関数のCASE5-07のように表を整える必要があります。

CASE5-07　SUMIFSのマトリックス型…P.163

例：月別のダウンロード数を集計したい

日付データしかない場合は、SUMIFS関数と同様に「月」列（D列）を作成する

1月〜3月のレポートを1つの表にまとめ、ピボットテーブルで集計すると、次のように表示されます。このとき、「月」と表示したいはずのセルA3の見出しが、ピボットテーブルでは「行ラベル」と表示されてしまいます。見出しを「月」と変更するには、セルA3をダブルクリックして内容を編集しましょう。

ダブルクリックして編集

集約したデータからピボットテーブルを作成する

ピボットテーブルの基本操作を極める

　ここからはピボットテーブルの操作方法を解説していきます。ここでは、SUMIFS関数で紹介したCASE5-03と同じデータを使って、ピボットテーブルで集計表を作ります。練習用ファイルもあるので、実際に手を動かしながら操作してみてください。

CASE5-03　SUMIFSの基本型（複数条件の場合）…P.151

5syo-p175.xlsx

支店別・性別の売上高を集計

ピボットテーブルを作成する

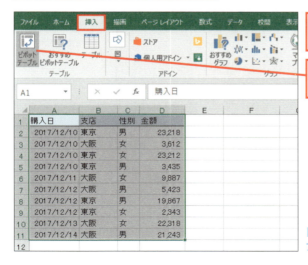

①ピボットテーブルを作成したい表全体を選択

②[挿入]タブ→[ピボットテーブル]をクリック

[ピボットテーブルの作成] ダイアログボックスが表示される

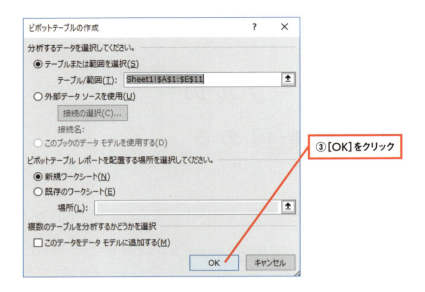

　ここまでの手順で、別シートに空のピボットテーブルが作成できました。ここから、ピボットテーブルに集計したい項目を追加していきます。

フィールドエリアに項目を追加

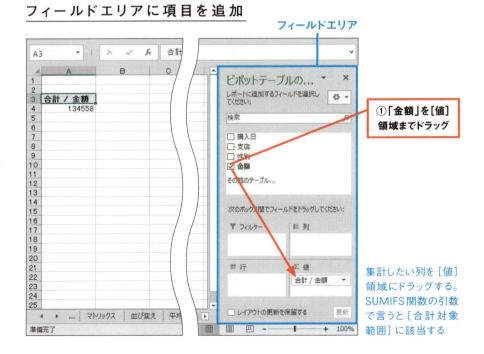

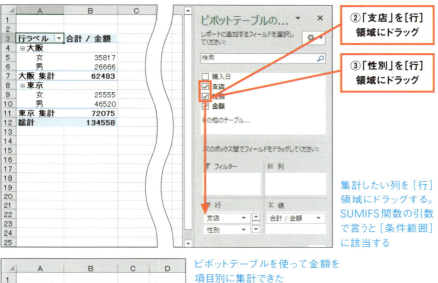

ピボットテーブルを使って金額を項目別に集計できた

> **ポイント**
>
> 行・列の欄に複数の項目を入れる場合には、項目の並び順に気を付けてください。今回の例では「支店」の下に「性別」を入れていますが、逆にすると別の表になってしまいます。

　レイアウトは若干違いますが、内容的にはSUMIFS関数を使った場合と同じ集計表ができました。完成した表は、大きくレイアウトを変えることはできませんが、次に挙げたような細かい調整は可能です。

- 表の見出しの修正
- 表示形式の変更
- 表の配置場所の変更（切り取りまたはコピー＋貼り付けで移動できる）

　以上がピボットテーブルの基本的な操作方法です。引き続き、ピボットテーブルの使い方を紹介していきます。

一瞬でマトリックス表も作れる

ピボットテーブルでも、マトリックス表を作成できます。先ほどと同じデータを使ってピボットテーブルでマトリックス型の集計表を作ってみましょう。

マトリックス型の集計表を作るには、［ピボットテーブルのフィールド］で項目を［列］領域と［行］領域にそれぞれ分けて、条件となる項目を入れます。

例：ピボットテーブルでマトリックス表を作る

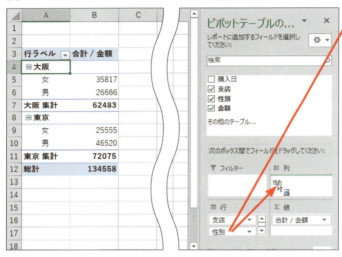

性別が列方向に区分して集計され、マトリックス型に金額を集計できた

元データに変更が生じたときの対処法

冒頭でもピボットテーブルの短所として挙げましたが、ピボットテーブルは元データに変更が生じても集計表には自動で反映できません。そのため、手動で内容を更新する必要があります。

ピボットテーブル内のどのセルでもいいので、右クリックしてください。そこで表示される［更新］をクリックすることで、元データの変更がピボットテーブルの集計表にも反映されます。

例：ピボットテーブルの内容を更新する

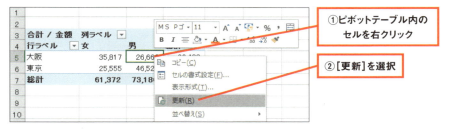

行・列の追加は［データソースの変更］で行う

元データの行・列を増やした場合も、ピボットテーブルに反映させるために手動での操作が必要です。ピボットテーブル内を選択していると表示される［ピボットテーブルツール］の［分析］タブから［データソースの変更］をクリックしてテーブル範囲を変更します。

Before

	A	B	C
1			
2			
3	行ラベル	合計 / 金額	
4	⊟大阪		
5	女	35,817	
6	男	26,666	
7	大阪 集計	62,483	
8	⊟東京		
9	女	25,555	
10	男	46,520	
11	東京 集計	72,075	
12	総計	134,558	
13			

After

	A	B	C	D	E	F
1						
2						
3	合計 / 金額	列ラベル				
4	行ラベル	お菓子	ワイン	花束	総計	
5	⊟大阪					
6	女	3,612	22,318	9,887	35,817	
7	男	21,243		5,423	26,666	
8	大阪 集計	24,855	22,318	15,310	62,483	
9	⊟東京					
10	女	2,343	23,212		25,555	
11	男	26,653		19,867	46,520	
12	東京 集計	28,996	23,212	19,867	72,075	
13	総計	53,851	45,530	35,177	134,558	

例：ピボットテーブルの集計表に「列」を追加する

元データ

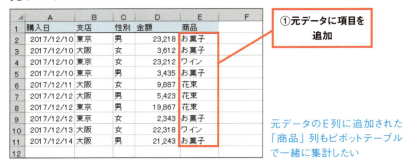

①元データに項目を追加

元データのE列に追加された「商品」列もピボットテーブルで一緒に集計したい

ピボットテーブル

②[ピボットテーブルツール]の[分析]タブ→[データソースの変更]を選択

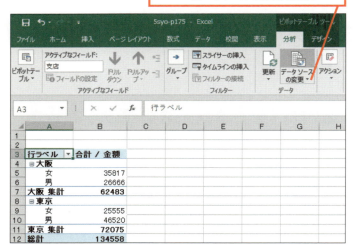

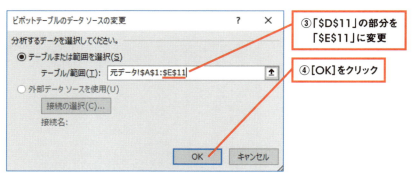

③「$D$11」の部分を「$E$11」に変更

④[OK]をクリック

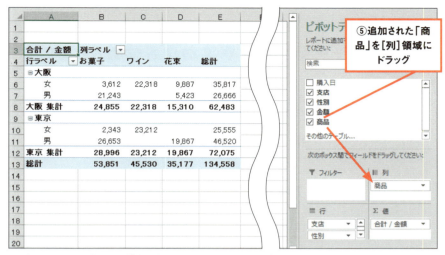

元データのE列に追加した「商品」のデータをピボットテーブルの集計表にも追加できた

行・列を並べ替えるには

　ピボットテーブルを作ると、項目が自動的に並び変わってしまいます。並び順を変更したいときは、行ラベルまたは列ラベルの［▼］をクリックして、並び順を昇順・降順から選びましょう。

　もし、思い通りの順番に並び替わらないときには、このあと紹介するCASE5-09の方法を試してみてください。

CASE5-09　ピボットテーブルの並べ替え…P.183

例：降順で並び変え

行ラベルが降順に並び変わる

データの個数や平均値も求められる!

ピボットテーブルでは、合計だけでなくデータの個数や平均値、最大値、最小値なども集計できます。集計方法を変えたいときは、マウス操作で簡単に変更できます。

例：データの個数を求める

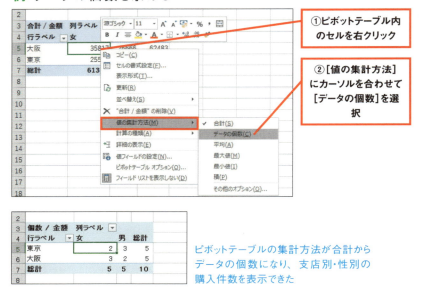

① ピボットテーブル内のセルを右クリック

② [値の集計方法]にカーソルを合わせて[データの個数]を選択

ピボットテーブルの集計方法が合計からデータの個数になり、支店別・性別の購入件数を表示できた

ピボットテーブルを使っていると「合計」を取りたいのに、勝手に「データの個数」が集計されてしまうことがあります。その場合は、上の手順②で[合計]を選択してください。

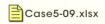

CASE 5-09 集計項目を任意の支店順に並べ替える

ピボットテーブルの並べ替え

　［行］ラベルを昇順・降順で並べ替える方法を181ページで紹介しましたが、支店を北→南へ並べ替えたいときはどうしたらいいでしょうか?

　このようなときは、支店に番号を振ることで、指定した順番に並べ替えができるようになります。

［売上明細］シート

売上明細を支店別・商品別に集計する。そのときに、支店を北から南へ並べ替えたい

❌ 失敗例

ピボットテーブルが自動的に並べ替えた順に集計されている

⭕ 成功例

VLOOKUP関数で支店名をナンバリングして、任意の順に並べ替える

対応表を作り、VLOOKUP関数で番号を追加

項目名に振る番号は、手作業で入力するのではなく、VLOOKUP関数を使って元の項目名に番号を追加していきます。

最初に、「支店名」と、コードを先頭に付けた「項目用の支店名」との対応表を作ります。この対応表さえ用意できれば、VLOOKUP関数を使って、元データである［売上明細］シートの支店名の先頭に番号を追加できます。あとは、その項目を使って集計すれば、任意の順に並べ替えられます。

［対応表］シート

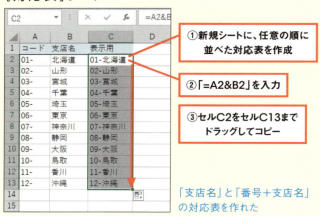

「支店名」と「番号＋支店名」の対応表を作れた

［売上明細］シート

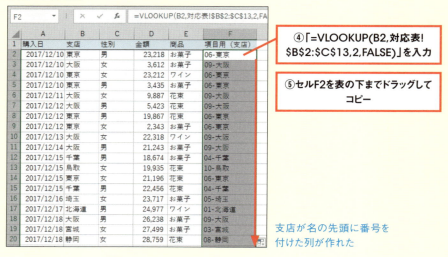

支店が名の先頭に番号を付けた列が作れた

思い通りの順に集計できる

　以上の操作ができたら、あとはいつも通りピボットテーブルで集計するだけです。VLOOKUP関数で先頭に番号を付けた支店（F列）を、［行］領域にドラッグしてみましょう。

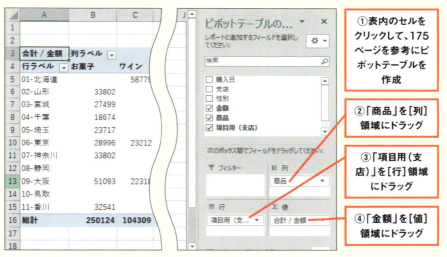

任意の順に支店名を並べ替えることができた

CASE 5-10 受注履歴を元に重複しない取引先の一覧表を作る

ピボットテーブルで重複の削除

このケーススタディでは、集計・分析の用途以外のピボットテーブルの使い方を紹介します。

たとえば、次のような日別受注表を使って取引先の一覧表を作りたいときに、手作業で大量のデータから重複を取り除いていくのは大変です。

そこで、ピボットテーブルを使って、この日別受注表を元に重複データを削除して取引先の一覧表を簡単に作成する方法を紹介します。

大量の受注データから取引先の一覧表を作るのは難しい

ピボットテーブルを使うことで、重複データを除いた一覧表を作成できる

> **ポイント**
>
> Excelの［データ］タブに［重複の削除］という機能もありますが、不具合が出る場合があるので、使わないことをおすすめします。

ピボットテーブルで重複しない一覧表を作る

重複のない一覧表は、ピボットテーブルを使えば一瞬で作れます。下の画面のように、一覧にしたい [取引先] 列を [行] 領域にドラッグするだけです。

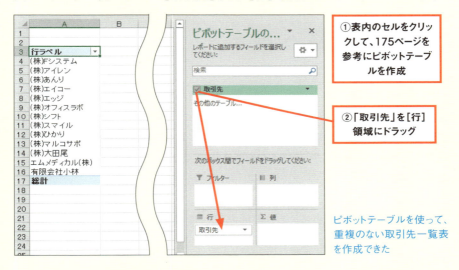

このリストはSUMIFS関数で集計表の見出しを作るときに便利です。日別受注表にある取引先データだけを一瞬で、しかも正確に抽出できます。

ドラッグするだけでデータの件数も一目瞭然！

さらに、上の状態で「取引先」を [値] 領域にドラッグすると、同じデータが何件あるかを確認できます。

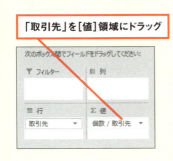

重複しているデータをひと目で確認できる

CASE 5-11 2つのリストを照合して異なるデータがあるか調べる

ピボットテーブルの照合

ピボットテーブルは集計のために使うだけでなく、データ同士を照合して**「AとBのどの部分が異なるデータなのか」**を調べるためにも使えます。たとえば、顧客リストが2つあるときに、「AにはあるがBにはないデータ」や「AにはないがBにはあるデータ」を見つけ出すことができます。

まずは、照合するために、2つの商品リストを縦につなげます。そして、どのリストなのかが分かるように「区分」（ここでは「リスト1」「リスト2」）を付けておきましょう。

集計データを作成する

元データ

	A	B	C
1	リスト1	リスト2	
2	有限会社小林	有限会社小林	
3	(株)マルコサポ	(株)マルコサポ	
4	(株)アイレン	(株)シフト	
5	(株)エッジ	(株)アイレン	
6	エムメディカル(株)	(株)エッジ	
7	(株)大田尾	(株)大田尾	
8	(株)ひかり	(株)ひかり	
9	(株)あんり	(株)あんり	
10	(株)オフィスラボ	(株)Fシステム	
11	(株)エイコー	(株)エイコー	
12		(株)スマイル	
13			

「リスト1」と「リスト2」を照合する

集約データ

	A	B	C	D
1	取引先	区分		
2	有限会社小林	リスト1		
3	(株)マルコサポ	リスト1		
4	(株)アイレン	リスト1		
5	(株)エッジ	リスト1		
6	エムメディカル(株)	リスト1		
7	(株)大田尾	リスト1		
8	(株)ひかり	リスト1		
9	(株)あんり	リスト1		
10	(株)オフィスラボ	リスト1		
11	(株)エイコー	リスト1		
12	有限会社小林	リスト2		
13	(株)マルコサポ	リスト2		
14	(株)シフト	リスト2		
15	(株)アイレン	リスト2		
16	(株)エッジ	リスト2		
17	(株)大田尾	リスト2		
18	(株)ひかり	リスト2		

2つのリストを縦に並べてB列に「区分」列を追加しておく

ここからは、これまでのケーススタディと同じように、集約した表を使ってピボットテーブルで集計します。［行］領域と［値］領域には［取引先］、［列］領域に［区分］をドラッグします。

ピボットテーブルで照合する

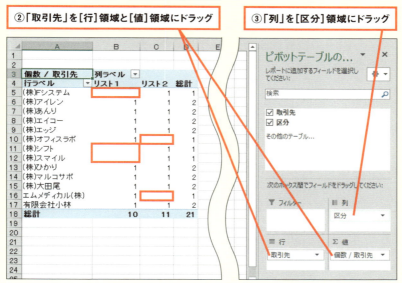

「リスト1」列、「リスト2」列が空欄になっていれば、データが存在していないことが分かる

　「リスト1」列、「リスト2」列に「1」が入っていれば、それぞれのリストにデータが存在しています。逆に、空欄になっているときは、そのリストにデータが存在していないことが分かります。

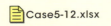

CASE 5-12 売上明細と入金明細に差額がないか調べる

ピボットテーブルの突合

　先ほどは「AとBのリストが一致しているか」を照合する方法を紹介しましたが、ここでは「**AとBの合計金額が一致しているか**」をピボットテーブルで突合する方法を紹介します。

　今回は、「売上明細」と「入金明細」があるときに、取引先ごとに売上金額と入金額が一致しているかを調べます。次の画面のように、複数件の売上金額に対して合算で入金がある場合など、1件1件手作業で確認するのは大変なので、ピボットテーブルを使って素早く突合してみましょう。

［売上明細］シート　　　　　　　　　［入金明細］シート

	A	B	C	D
1	取引先	部門	入金予定額	入金予定日
2	(株)小林	本社	6,760,098	2018/2/15
3	(株)小林	大阪	1,092,846	2018/2/15
4	(株)マルコサポ	大阪	238,912	2018/2/15
5	(株)アイレン	大阪	411,025	2018/2/16
6	(株)エッジ	本社	1,458,849	2018/2/17
7	エムメディカル(株)	本社	1,714,663	2018/2/17
8	(株)大田尾	本社	540,986	2018/2/17
9	(株)ひかり	大阪	20,819	2018/2/17
10	(株)あんり	本社	3,757,739	2018/2/18
11	(株)オフィスラボ	本社	98,257	2018/2/18

	A	B	C
1	日付	取引先	金額
2	2018/2/15	(株)小林	7,852,944
3	2018/2/15	(株)マルコサポ	238,048
4	2018/2/16	(株)アイレン	411,025
5	2018/2/17	エムメディカル(株)	1,714,663
6	2018/2/17	(株)エッジ	1,458,849
7	2018/2/17	(株)あんり	3,757,739
8	2018/2/17	(株)大田尾	540,986
9	2018/2/18	(株)オフィスラボ	98,257
10	2018/2/19	(株)エイコー	4,199,687
11			

売上明細の「入金予定額」と、入金明細の「金額」に差異がないか確認したい

　まず、ピボットテーブルで集計するために、データを整えます。次ページの画面のように、2つの表を縦につなげて、どの表のデータかが分かる「区分」を付けて集計しましょう。区分は、売上→入金の順番に並ぶように「01-売上」「02-入金」と番号を振って入力します。

　このときポイントになるのが、**［入金シート］の金額を負の数 (-) にしておくこと**です。するとピボットテーブルで集計したときに、「売上＋(-入金)」という式で入金差額が計算できます。差額がある場合は「0」以外が表示されます。

[集約]シートを作成する

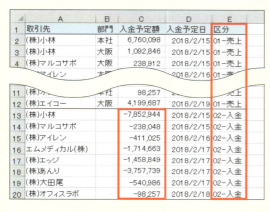

2つの表を縦に並べて、E列に「区分」列を追加する。入金明細の「金額」はマイナスの符号を付ける

下準備ができたら、次にこの[集約]シートを使って、以下のようにピボットテーブルを作成していきます。

ピボットテーブルで突合する

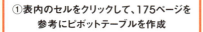

ピボットテーブルが作成できた

活用の
ヒント

集計の元データも簡単に表示できる！

　ピボットテーブルには「ドリルスルー」という機能があり、ピボットテーブル上でセルをダブルクリックをすると、該当する明細を別シートに表示させることができます。
　たとえば、売上明細と入金明細を同時に確認するためには、総計列にあるセルをダブルクリックします。すると明細が別シートに表示されます。

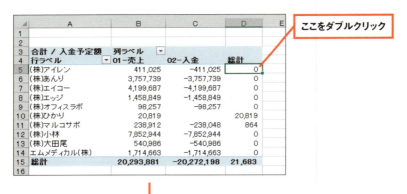

ここをダブルクリック

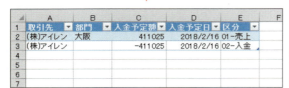

新規シートが作成され、「(株)アイレン」の詳細が表示された

　同じように、「01-売上」列にあるセルをダブルクリックすれば売上明細、「02-入金」列にあるセルをダブルクリックすれば入金明細を表示させることができます。

第 6 章

ここまで覚えれば
最強の関数使い！

便利関数
&
テクニック

集計表に欠かせない「日付」「端数」「金額」の処理

　前章までに5つの関数を中心に紹介してきました。ただ、Excelで細かい処理をしようとすると、この5つの関数だけでは処理できないところも出てきます。
　そこで本章は、さまざまな状況に対応できるようにするため、実務でよく出てくる「日付」「端数」「金額」のデータ処理を解説します。どれもExcelで表を作るために欠かせない項目なので、しっかり覚えておきましょう。

日付処理

　日常業務において日付データの処理は欠かせません。日付データは、Excelでは特殊な方法で管理されています。その特徴を知り、処理をスムーズに行えるようにしておきましょう。

日付データ

	A	B	C	D
1	日付	売上高		
2	2018/4/1	23,746		
3	2018/4/2	21,972		
4	2018/4/3	23,742		
5	2018/4/4	30,284		
6	2018/4/5	23,484		
7	2018/4/6	25,736		
8				

「年」「月」「日」のデータ

	A	B	C	D
1	日付	年	月	日
2	2018/4/1	2018	4	1
3				

日付データから「年」「月」「日」を取り出すこともできる

導きたい日付を自由自在に求める日付処理…P.196

194

端数処理

　消費税の計算や経費の配分を計算する場合に、端数の処理が必要になる場面が出てきます。端数処理は、方法やタイミングを誤ると計算結果が変わってしまい、トラブルの元にもなるので注意が必要です。

例：割引価格を四捨五入する

	A	B	C	D
1	価格	雨の日割引	割引価格	
2	1265	15%	1075.25	
3	2304	15%	1958.4	
4	5507	15%	4680.95	
5	1032	15%	877.2	
6				

金額の端数を処理したい

セルD2に「=ROUND(C2,0)」と入力

	A	B	C	D
1	価格	雨の日割引	割引価格	四捨五入
2	1265	15%	1075.25	1075
3	2304	15%	1958.4	1958
4	5507	15%	4680.95	4681
5	1032	15%	877.2	877
6				

小数点以下を四捨五入した割引価格を表示できた

「端数処理」は目的によって手段を変える…P.208

金額処理

　レポートに表示する金額は、少しの工夫でたいへん見やすく表示できます。たとえば、大きな金額を表示するときは、下の画面のように金額を千円単位で丸めて表示すると見やすくなります。

例：売上金額を千円単位で丸める

	A	B	C
1	支部別	売上	
2	東京本社	365,000,000	
3	名古屋支部	210,500,000	
4	関西支部	119,830,000	
5	福岡支部	114,500,000	
6	仙台支部	98,600,000	
7			

数字が大きく、比較しにくい

	A	B	C
1	支部別	売上（千円）	
2	東京本社	365,000	
3	名古屋支部	210,500	
4	関西支部	119,830	
5	福岡支部	114,500	
6	仙台支部	98,600	
7			

売上額を千円単位で表示できた

金額の表示方法を「ひと工夫」してみよう…P.214

導きたい日付を自由自在に求める日付処理

はじめに「シリアル値」を理解しよう

　Excelでは、セルに「2018/4/1」と入力すると、当たり前ですが「2018/4/1」と表示されます。では、そのセルの表示形式を［標準］にしてみてください。

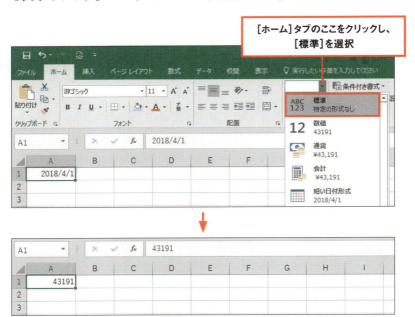

［ホーム］タブのここをクリックし、［標準］を選択

「2018/4/1」の表示形式を［標準］に設定すると、「43191」と表示された

その結果、前ページの画面にあるように、セルA1には「43191」という数字が表示されました。この数字は「**シリアル値**」と呼ばれ、「1900/1/1」を「1」として、その日から何日経過したかを表しています。

　たとえば、「1900/1/1」は「1」、「1900/1/2」は「2」、「1900/1/3」は「3」……そして「2018/3/31」は「43190」、「2018/4/1」は「43191」という具合です。

　通常、Excelでは日付データが入力されると、それをシリアル値（数値）に変換して管理します。そのため、表示形式を［標準］に戻すと数値が表示されたのです。

日付のシリアル値

> **ポイント**
> 「1900/1/0」という日付は実際には存在しませんが、便宜上「1900/1/0」に「0」というシリアル値が割り当てられていることに注意してください。

　たとえば先ほどの例では、「2018/4/1」というデータを入力したとき、画面上で「2018/4/1」と表示されました。しかし、実態は「43191」という数値（シリアル値）だということです。このように、Excelでは日付データを「**数値**」で管理しています。これが、日付データを扱うときに非常に重要なポイントです。

　次のページからは、日付データの計算方法や、実務によく出てくる事例などを解説していきます。

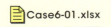

CASE 6-01 前日と翌日の日付を求める

日付の計算

　まずは、「○日前」「○日後」のような日付の計算から解説していきます。たとえば、セルB1に「2018/4/1」というデータが入っているとき、下の手順のように引き算を使うと前日、足し算を使うと翌日の日付を表示できます。

① 「=B1-1」と入力
② 「=B1+1」と入力

前日には「2018/3/31」、翌日には「2018/4/2」が表示された

　前述した通り、日付の実態はシリアル値という数値です。そのため、「1を引く」と前日、「1を足す」と翌日のシリアル値を計算していることになり、結果として、前日と翌日の日付を表示できます。

　同様に「10日前」は「10を引く」、「20日後」は「20を足す」というように、足し算・引き算を使って計算できます。

CASE 6-02 指定した日から納期までの日数を調べる

日数の計算

　シリアル値の仕組みを理解できれば、締め切りや納期まであと何日あるかなど、「日数」を求めることも簡単です。たとえば「2018/4/1」から「2018/7/24」までの日数を求めたいときは、次のように引き算します。

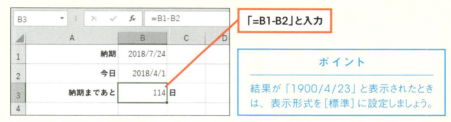

指定した日から納期までの日数が求められた

ポイント
結果が「1900/4/23」と表示されたときは、表示形式を[標準]に設定しましょう。

　未来のシリアル値から現在のシリアル値を引き算することで、納期までの日数（＝シリアル値の差）を計算できます。

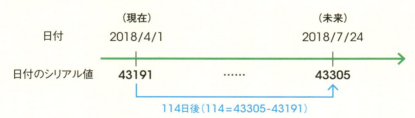

　また、上の図から見ても分かる通り、Excelの日付データはシリアル値が小さい方が「過去」（この例では「現在」）、大きい方が「未来」という関係にあります。そのため、IF関数などで日付データの大小関係を比較すると、どちらの日付が未来（または過去）かを判断できます。

　　　　　CASE3-06　IFの複雑条件型（ANDを使用）…P.079

日付処理で役立つ4つの関数

日付処理に欠かせない関数を4つ紹介します。まずは、指定した日付データから「年」「月」「日」のデータを取り出せるYEAR関数、MONTH関数、DAY関数です。

指定した日付から「年」「月」「日」のデータを取り出す

YEAR(シリアル値)

シリアル値：「年」を取り出したい日付をシリアル値で指定

MONTH(シリアル値)

シリアル値：「月」を取り出したい日付をシリアル値で指定

DAY(シリアル値)

シリアル値：「日」を取り出したい日付をシリアル値で指定

この関数を使って、「2018/4/1」から「年」「月」「日」のデータを取り出してみましょう。

日付データから「年」「月」「日」を取り出せた

「年月日」が1つのセルに入力されている表の場合…P.071

DATE関数で「年」「月」「日」から日付を求める

次に、「年」「月」「日」と3つに分かれたデータを1つの日付データ(シリアル値)に変換する**DATE関数**を紹介します。

> DATE(年, 月, 日)

年:日付の「年」に当たる数値を指定
月:日付の「月」に当たる数値を指定
日:日付の「日」に当たる数値を指定

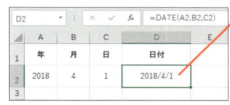

「=DATE(A2,B2,C2)」と入力

指定した「年」「月」「日」に対応する日付データを取り出せた

ここで紹介している4つの関数は、組み合わせて使う機会がよくあります。たとえば「2018/4/1」の1カ月後を計算したいときは、次の図のように「シリアル値の日付データ」をYEAR、MONTH、DAYの各関数を使って「年」「月」「日」に分解します。その後に、「月」の部分に「1」を足して、最後にDATE関数で年月日データをまとめることで「2018/4/1」の1カ月後の「シリアル値の日付データ」を求められます。

CASE6-03　DATE…P.204

4つの関数で日付の表示は自由自在!

日付・曜日の表示を柔軟に変える

日付データは「**表示形式**」を変更することで、見た目を柔軟に変更できます。たとえば、［セルの書式設定］ダイアログボックスの［日付］の中を見ると、「2018年4月1日」「平成30年4月1日」など、よく使う表示形式が用意されています。

例：日付の表示を「○年×月△日」に変更する

Before

	A	B	C
1	日付		
2	2018/4/1		
3			
4			

「○年×月△日」の形式で表示したい

After

	A	B	C
1	日付		
2	2018年4月1日		
3			
4			

表示形式を変更できた

　［セルの書式設定］ダイアログボックスは、セルA2を選択して Ctrl + 1 キーを押すことで表示できます（下の画面）。あるいは、セルA2を選択後、右クリックを押して［セルの書式設定］を選んでも表示できます。

①セルA2を選択して Ctrl + 1 を押す

②［日付］をクリック

③「*2012年3月14日」を選択

　もし［種類］に表示されている以外の表示形式を設定したいときは、上の画面の［分類］項目にある［ユーザー定義］書式を使います。この機能を使うと、日付だけでなく、曜日を表示することもできます。たとえば、日付データから「月、火、水、……」と表示したい場合は、次ページの画面のように［ユーザー定義］の［種類］欄に「aaa」と入力します。

例：日付データから曜日を取り出す

日付データから曜日を表示したい　　　曜日を表示できた

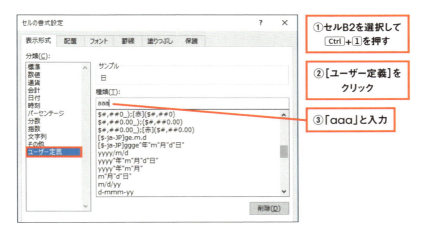

① セルB2を選択して [Ctrl]+[1]を押す
② [ユーザー定義]をクリック
③ 「aaa」と入力

日付に関連するユーザー定義の書式記号

区分	書式記号	表示例
曜日	aaa aaaa	日 日曜日
曜日（英語表記）	ddd dddd	Sun Sunday
年4桁/月2桁	yyyy/mm	2018/04
年2桁/月	yy/m	18/4
和暦（英語）+月	[$-411]ge/m	H30/4
（和暦）年月	[$-411]ggge"年"m"月"	平成30年4月
日付+曜日	yyyy/m/d(aaa)	2018/4/1(日)

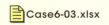

CASE 6-03 年・月のデータから月初・月末の日付が分かる

DATE

📋 カレンダーで確認不要！ DATE関数で正確に求める

　ここからは、実務でよく出てくる日付の操作を解説していきます。たとえば、請求書などの帳票を作成していると、指定した年・月データから月初と月末の日付を表示したいときがあります。そんなときは、DATE関数を使うと一瞬で月初や月末の日付を導けます。いちいちカレンダーを確認する手間もなくなります。

例：DATE関数を使って月初・月末の日付を求める

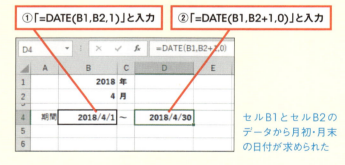

セルB1とセルB2のデータから月初・月末の日付が求められた

月初の日付は必ず「1日」

　　=DATE(B1,B2,1)

　月初については、DATE関数を使って「指定した年、指定した月の1日」の日付データを求めます。月初の日付は必ず1日なので、引数の［日］には、「1」と入力しましょう。

月末の日付は翌月初の「1日前」

> =DATE(B1,B2+1,0)

　月末の日付は、3月は31日、4月は30日というように月ごとに変わります。そのため、単純に「**指定した年、指定した月の31日**」というような指定はできません。そこで、「月末」=「翌月1日の1日前」=「**翌月0日**」と考えてDATE関数を使って計算します。引数の［月］には「B2+1」、［日］には「0」と入力しましょう。

　実際にセルD4に入力している数式をひも解くと、引数に入れた「B1」と「B2」は次のように処理されることが分かります。

　　「=DATE(B1,B2+1,0)」
　→「=DATE(2018,4+1,0)」
　→「=DATE(2018,5,0)」（=「2018年5月1日」の1日前という意味）

　Excelでは、「**2018年5月0日**」という、実在していない日付の「日付データ」を計算しようとすると、「実在する日付」との差を自動で補正して、適切な日付データを計算してくれます。今回の場合も自動で補正され、セルD4に「2018年4月30日」が表示されています。次の表のように、「0日」という指定以外でも補正機能が働きますので、覚えておきましょう。

実際に存在しない日付でも、自動で補正される

数式	計算過程	計算結果
=DATE(2018,5,0)	「2018年5月1日」の1日前	2018年4月30日
=DATE(2018,1,33)	「2018年1月31日」の2日後	2018年2月2日
=DATE(2018,13,1)	「2018年12月1日」の1カ月後	2019年1月1日
=DATE(2018,-1,1)	「2018年1月1日」の2カ月前	2017年11月1日
=DATE(2018,14,31)	「2018年12月31日」の2カ月後 →「2019年2月31日」 →「2019年2月28日」の3日後	2019年3月3日

シリアル値から月初・月末を求める

　もし、元データが「年」「月」に分解されていない日付データ（シリアル値）の場合、YEAR関数とMONTH関数を組み合わせて、日付データから「年」「月」の情報を取り出します。あとは、先ほどと同じ方法で月初・月末を導きましょう。

シリアル値から月初を求める

=DATE(YEAR(B1),MONTH(B1),1)

シリアル値から月末を求める

=DATE(YEAR(B1),MONTH(B1)+1,0)

セルB1のデータから月初・月末の日付が表示できた

　たとえば、セルB4に入力した数式は次のような動きをしています。

セルB4に入力した数式

8桁の数字を日付データに変換する

業務システムから取り出したデータなどで、日付部分が「20180401」のように8桁の数字で表示されている場合を考えてみましょう。この状態ではExcelが日付データとして扱えないため、「2018/4/1」のように日付データとして使える形式に変換します。このようなときに役立つのが、**LEFT関数**、**MID関数**、**RIGHT関数**です。

LEFT関数：文字列の左側から何文字かを取り出す

LEFT(文字列,文字数)

MID関数：文字列の指定した位置から何文字かを取り出す

MID(文字列,開始位置,文字数)

RIGHT関数：文字列の右側から何文字かを取り出す

RIGHT(文字列,文字数)

上記3つの関数を使うことで、「20180401」というデータを「年」「月」「日」に分解できます。あとは、DATE関数を使って日付データを作成します。

8桁の数字から「年」「月」「日」のデータを分解して、日付データを表示できた

「端数処理」は目的によって手段を変える

消費税の計算などで割り切れなかった数字は、端数処理が必要です。処理の方法やタイミングを間違えると、意図しない計算結果になる場合があるので、正しいやり方をきちんと身に付けておきましょう。

関数を使うと実際のデータを端数処理できる

たとえば、次のような割引価格の計算を考えてみてください。割引価格の計算結果に「小数」が出てきましたが、販売時の価格は「円単位」（整数）にする必要があります。そこで、端数処理を行って金額を整えます。

例：割引価格の小数点以下を四捨五入する

Before

	A	B	C	D
1	価格	雨の日割引	割引価格	
2	1265	15%	1075.25	
3	2304	15%	1958.4	
4	5507	15%	4680.95	
5	1032	15%	877.2	
6				

割引価格の端数を整えたい

After

	A	B	C	D
1	価格	雨の日割引	割引価格	四捨五入
2	1265	15%	1075.25	1075
3	2304	15%	1958.4	1958
4	5507	15%	4680.95	4681
5	1032	15%	877.2	877
6				

小数点以下を四捨五入できた

このような金額の端数処理には、**ROUND関数**、**ROUNDDOWN関数**、**ROUNDUP関数**の3つを使うと便利です。

ROUND関数：指定した数値を指定した桁数に四捨五入

ROUND（数値,桁数）

ROUNDDOWN関数：指定した数値を指定した桁数に切り捨て

ROUNDDOWN（数値,桁数）

ROUNDUP関数：指定した数値を指定した桁数に切り上げ

ROUNDUP（数値,桁数）

数値……………四捨五入や切り上げ、切り捨てしたい数値を指定
桁数……………端数処理をする位置を指定。端数処理の結果を整数にするときは「0」、小数点第1位まで表示するときは「1」。逆に10円単位で表示するときは「-1」、100円単位は「-2」を指定

関数を使った端数処理の例

元の数値	桁数	四捨五入 (ROUND)	切り捨て (ROUNDDOWN)	切り上げ (ROUNDUP)
123.4567	-2	100	100	200
123.4567	-1	120	120	130
123.4567	0	123	123	124
123.4567	1	123.5	123.4	123.5
123.4567	2	123.46	123.45	123.46

ROUND関数を使って四捨五入する

208ページに出てきた割引価格の例は、ROUND関数を使って次のように四捨五入していました。ここでは、「整数」にするために四捨五入したかったので、［桁数］に「0」を指定しています。

=ROUND(C2,0)

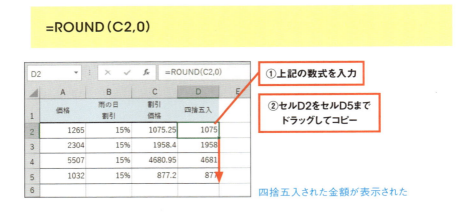

表示形式では見た目しか変わらない

四捨五入は、表示形式を使っても行えます。しかし、表示形式の場合、見た目は四捨五入できていても、実際のデータは処理されていません。

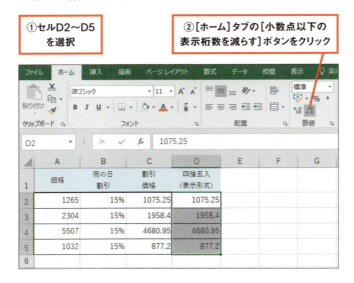

D4			f_x	4680.95	
	A	B	C	D	E
1	価格	雨の日割引	割引価格	四捨五入(表示形式)	
2	1265	15%	1075.25	1075	
3	2304	15%	1958.4	1958	
4	5507	15%	4680.95	4681	
5	1032	15%	877.2	877	
6					

四捨五入された金額が表示された。しかし、セルD4を選択すると、数式バーに表示される実際のデータは四捨五入されていないことが分かる

　一方で、関数を使った場合は、見た目だけでなく実際のデータも四捨五入されています。もし、端数処理後のデータを計算に使うときは、「関数」で処理をしてください。表示形式で処理したデータを計算に使うと、画面上で数値間の整合性が取れなくなる場合があるので気を付けましょう。

端数処理の使い分け

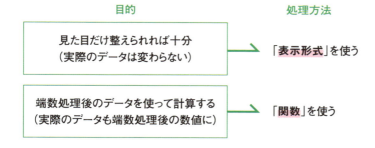

CASE 6-04 経費を各部門に割り振る

ROUND

それでは、ROUND関数を使った実務の事例を見てみましょう。

たとえば、次の画面のように広告費として100万円を計上したとき、あらかじめ決められている配分基準に従い、その費用を各店舗に割り振りたいとします。今回は、各店舗で負担すべき広告費の額を計算します。

配分の過程で端数が出てくる可能性があるので、店舗ごとに端数処理をします。各部門の負担金額が整数になるように、以下のROUND関数の数式を入力して四捨五入を行いましょう。

=ROUND($B$1/$B$9*B4,0)
　　　　支出金額　配分基準の合計　各店舗の配分基準

① 上記の数式を入力

② セルC4をセルC8までドラッグしてコピー

③ 「=SUM(C4:C8)」と入力

配分金額の合計と支出金額に差額がある

一見、これで計算ができたように思えます。ところが、セルC9の配分金額の合計を見ると「999,999円」となり、当初の支出額である「1,000,000円」と一致していません。

元の金額とのずれを割り振る

今回の処理は100万円を各部門に配分することが目的なので、各店舗への配分金額の合計がちょうど100万円にならないと意味がありません。そこで、生じた差額を、新しく列を追加して割り振っていきます。

まずは店舗を1つ決めて、その店舗に差額を割り振ります。たとえば、一番規模の大きい「銀座店」に差額を割り振ると決めたとしましょう。それを計算するには、D列に端数調整用の列を追加し、次のように数式を入力します。

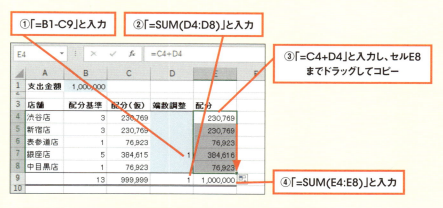

これで、端数処理後の内訳と合計の整合性を取ることができました。

なお、次の画面のように新しく端数調整用の列を追加せずに、配分（C列）を直接変更するのは止めましょう。ここを直接修正してしまうと、支出金額を変更したときに数式も修正が必要になるため、メンテナンス性の悪い表になってしまいます。

例：メンテナンス性の悪い表

213

金額の表示方法を「ひと工夫」してみよう

　Excelで作成する集計表に出てくる売上高や原価、経費などの「金額」は桁数が多くなりがちです。ここでは、表示形式や端数処理関数を使って金額の表示を整える方法を解説します。

金額には必ず「,」を付ける

　桁数の多い金額は、比較するときに差が分かりづらく、読みにくい印象を与えます。そこで、3桁ごとに**「,」（半角カンマ）**を入れて区切るようにしましょう。Ctrl + Shift + 1 キーを押してもいいですし、Excelの［ホーム］タブから［桁区切りスタイル］ボタン（ , ）をクリックしても設定できます。

例：金額に桁を区切る「,」を付ける

	A	B
1	支部別	売上
2	東京本社	301578986
3	名古屋支部	121098708
4	関西支部	112837658
5	福岡支部	211459867
6	仙台支部	98600982

① セルB2～B6を選択

② Ctrl + Shift + 1 を押す

［ホーム］タブの［桁区切りスタイル］ボタンをクリックしても設定できる

	A	B
1	支部別	売上
2	東京本社	301,578,986
3	名古屋支部	121,098,708
4	関西支部	112,837,658
5	福岡支部	211,459,867
6	仙台支部	98,600,982

3桁ごとに「,」が表示された

表によっては千円単位で表示する

たとえば売上金額のように、金額が大きすぎて数字同士を比較しにくい場合は、千円単位で表示しましょう。

［セルの書式設定］ダイアログボックスにある［ユーザー定義］書式を使って、次のように操作をします。

例：売上金額を千円単位で丸める

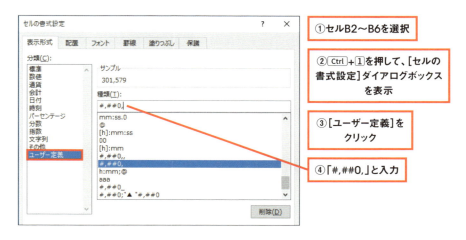

［ユーザ定義］書式を入力するときには、「0」の後にある最後の「,」を忘れずに付けてください。これが千円単位で四捨五入するという意味になります。百万円単位で四捨五入したい場合は、［ユーザー定義］書式で入力する最後の「,」を2つ付けて「#,##0,,」と入力します。なお、この［ユーザー定義］書式では、四捨五入しかできないということを覚えておきましょう。

次ページの表を参考に、金額の表示をひと工夫してみてください。

215

金額に関連するユーザー定義の書式記号

区分	書式記号	元データ	表示例
千円単位で表示する	#,##0,	123456789	123,457
千円単位で表示して「千円」を付ける	#,##0,"千円"	123456789	123,457千円
百万円単位で表示する	#,##0,,	123456789	123

活用のヒント 関数を使えば、四捨五入以外で「千円単位」にできる

　千円単位、百万円単位の表示は、端数処理の関数を使っても処理できます。セルの書式設定では四捨五入の処理しかできませんでしたが、実際の書類などでは「切り上げ」や「切り捨て」など別の処理方法を求められることもあります。そんなときは端数処理の関数を使うことで、四捨五入だけでなく、切り上げや切り捨ての処理もできます。

　たとえば、売上金額を千円単位、かつ千円未満を切り捨てで表示したいときは、次のようにROUNDDOWN関数の数式を入力して処理します。

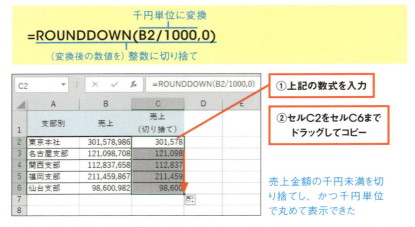

千円単位に変換
=ROUNDDOWN(B2/1000,0)
（変換後の数値を）整数に切り捨て

① 上記の数式を入力
② セルC2をセルC6までドラッグしてコピー

売上金額の千円未満を切り捨てし、かつ千円単位で丸めて表示できた

おわりに

　Excel作業の効率化で一番大切なのは、「工夫すれば効率化できる」と気付くことです。そういった工夫すべき場面に気付くための判断基準として、私がセミナーなどでお伝えしているのが、「同じ単純作業を10分以上続けているかどうか」です。

　たとえば、「売上高の集計資料の作成に、数値をひたすらコピペしている」「取引先からの受注数量をまとめるのに、ひたすらSUM関数を入れている」など、10分以上のコピペや、10分以上ひたすらSUM関数を入れ続けていたら、それは、工夫すれば効率化できる「ムダ作業」と言えます。

　本書では、そのような「ムダ作業」から卒業するためのテクニックを解説してきました。方法はいたってシンプルです。自分がやっている作業を次の4つの関数でできないか考えてみるのです。

- 「〇〇別△△別の金額集計」を行っていれば、SUMIFS関数を使う
- 「〇〇別△△別の件数集計」を行っていれば、COUNTIFS関数を使う
- 「検索」「置換」「結合」を行っていれば、VLOOKUP関数を使う
- 「〇〇のときは××」という「条件分岐」を行っていればIF関数（またはVLOOKUP関数）を使う

　どの関数を使うか目星がついたら、どの「型」に当てはまるかを考えて、数式を入れていきます。これを徹底するだけで、確実に作業効率が上がります。

　上に挙げた関数は、慣れないと使いこなすのが大変です。ひょっとしたら最初のうちは、これらの関数をどう使えばいいか試行錯誤するくらいなら、元通りの手作業でやった方が速いと思うこともあるかもしれません。

　それでも、諦めずに使い続けていれば、必ず、今までのやり方とは比べものにならないくらい作業効率が上がりますので、ぜひ試してみてください。

　あなたの業務のお役に立てれば幸いです。

羽毛田　睦土

関数INDEX

※アルファベット順

複数の条件がすべて満たされているか調べる　　P.080

アンド
AND(論理式1,論理式2...)

| 引数 | 論理式 | TRUE(真)かFALSE(偽)を返す式を指定する。 |

指定した複数の条件に一致するデータの個数を求める　　P.168

カウントイフズ
COUNTIFS(検索条件範囲1,検索条件1,検索条件範囲2,検索条件2,...)

| 引数 | 検索条件範囲 | 検索対象とするセル範囲を指定する。 |
| | 検索条件 | 直前に指定した[検索条件範囲]からセルを検索する条件を指定する。 |

指定した日付の日付データを求める　　P.201

デート
DATE(年,月,日)

引数	年	日付の「年」に当たる数値を指定する。
	月	日付の「月」に当たる数値を指定する。
	日	日付の「日」に当たる数値を指定する。

日付データから「日」を取り出す　　P.200

デイ
DAY(シリアル値)

| 引数 | シリアル値 | 「日」を取り出したい日付をシリアル値で指定する。 |

条件によって表示する値を変える　　P.053

イフ
IF(論理式,真の場合,偽の場合)

引数	論理式	判断するための条件を指定する。
	真の場合	(論理式)に当てはまるときの表示内容を指定する。
	偽の場合	(論理式)に当てはまらないときの表示内容を指定する。

エラー値があるときに返す値を変える　　P.086

イフエラー
IFERROR(値,エラーの場合の値)

| 引数 | 値 | エラー値になるかどうかを調べたい数式やセル参照を指定する。 |
| | エラーの場合の値 | [値]がエラー値のときに表示される値を指定する。 |

文字列の左端から何文字かを取り出す　　　　　　　　　　　　P.207

LEFT（レフト）(**文字列**, **文字数**)

引数
- **文字列**　元の文字列を指定する。
- **文字数**　左端から数えて取り出したい分の文字数を指定する。

文字列の指定した位置から何文字かを取り出す　　　　　　　　P.207

MID（ミッド）(**文字列**, **開始位置**, **文字数**)

引数
- **文字列**　元の文字列を指定する。
- **開始位置**　取り出したい文字列の開始位置を指定する。[文字列]の先頭を1とし、文字単位で数える。
- **文字数**　[開始位置]から数えて取り出したい分の文字数を指定する。

日付データから「月」を取り出す　　　　　　　　　　　　　　P.200

MONTH（マンス）(**シリアル値**)

引数
- **シリアル値**　「月」を取り出したい日付をシリアル値で指定する。

複数の条件のうち、どれか1つでも満たされているか調べる　　P.077

OR（オア）(**論理式1**, **論理式2**, …)

引数
- **論理式**　TRUE(真)かFALSE(偽)を返す式を指定する。

文字列の右端から何文字かを取り出す　　　　　　　　　　　　P.207

RIGHT（ライト）(**文字列**, **文字数**)

引数
- **文字列**　元の文字列を指定する。
- **文字数**　右端から数えて取り出したい分の文字数を指定する。

指定した桁数に数値を四捨五入する　　　　　　　　　　　　　P.209

ROUND（ラウンド）(**数値**, **桁数**)

引数
- **数値**　四捨五入したい数値を指定する。
- **桁数**　四捨五入する桁の位置を整数で指定する。

関数INDEX

関数INDEX

指定した桁数に数値を切り捨てる　P.209

ROUNDDOWN（ラウンドダウン）（数値, 桁数）

引数	数値	切り捨てたい数値を指定する。
	桁数	切り捨てる桁の位置を整数で指定する。

指定した桁数に数値を切り上げる　P.209

ROUNDUP（ラウンドアップ）（数値, 桁数）

引数	数値	切り上げたい数値を指定する。
	桁数	切り上げる桁の位置を整数で指定する。

指定したセルの数値を合計する　P.040

SUM（サム）（数値1, 数値2, …数値255）

引数	数値	合計したい数値を指定する。「A1:A4」のようにセル範囲も指定できる。

複数の条件に一致するデータの合計を求める　P.138

SUMIFS（サムイフズ）（合計対象範囲, 条件範囲1, 条件1, 条件範囲2, 条件2, …）

引数	合計対象範囲	合計したい値が入力されているセル範囲を指定する。範囲の中から、[条件]に一致したセルと同じ行（または列）にあるデータを合計する。
	条件範囲	検索対象とするセル範囲を指定する。
	条件	直前に指定した[条件範囲]からセルを検索する条件を指定する。

データを縦方向に検索する　P.095

VLOOKUP（ブイルックアップ）（検索値, 範囲, 列番号, 検索の型）

引数	検索値	検索する値を指定する。
	範囲	検索されるセル範囲を指定する。
	列番号	取り出したい値が指定した[範囲]の何列目にあるかを指定する。
	検索の型	検索する方法（「TRUE」または「FALSE」）を選択する。

日付データから「年」を取り出す　P.200

YEAR（イヤー）（シリアル値）

引数	シリアル値	「年」を取り出したい日付をシリアル値で指定する。

INDEX

記号・アルファベット

$	30, 32, 35
AND関数	21, 60, 79, 218
COUNTIF関数	170
COUNTIFS関数	19, 167, 218
マトリックス型	169
DATE関数	21, 201, 204, 218
DAY関数	21, 71, 200, 218
FALSE（完全一致検索）	96
IF関数	20, 52, 128, 218
AND関数	60, 79
OR関数	60, 76
入れ子型	59, 72
基本型	58, 61, 64, 67
複雑条件型	60, 76, 79
例外処理型	83, 87
IFERROR関数	21, 86, 131, 115, 158, 218
IFS関数	75
LEFT関数	21, 207, 219
MID関数	21, 207, 219
MONTH関数	21, 71, 154, 200, 219
OR関数	21, 60, 76, 219
RIGHT関数	21, 207, 219
ROUND関数	21, 65, 209, 212, 219
ROUNDDOWN関数	21, 209, 216, 219
ROUNDUP関数	21, 209, 220
SUM関数	20, 22, 40, 220
オートSUM	41, 44, 50
くし刺し集計	46
離れたセルの合計	44
SUMIF関数	141
SUMIFS関数	18, 20, 22, 136, 220
<>	149, 151, 165
基本型	142, 145, 151
集約型	143, 154, 157
絶対参照	147, 161
マトリックス型	144, 160, 163
TRUE（近似値検索）	96, 133
VLOOKUP関数	19, 94, 158, 184, 220
FALSE（完全一致検索）	96
TRUE（近似値検索）	96, 133
結合型	105, 124
検索型	104, 107, 112
参照表	101
条件分岐型	82, 106, 128, 132
絶対参照	109
変換型	105, 117
YEAR関数	21, 71, 200, 220

あ

入れ子	59, 72
エラー値	24
IFERROR関数	115
IFの例外処理型	87
円単位	208
オートSUM	41, 44, 50

か

完全一致検索（FALSE）	96
関数	
書式	17, 29
数式	29
入力	28
引数	17, 29
ポップアップ	29
記号	54
行ラベル	174
金額処理	195, 214
桁区切りスタイル	214
千円単位	215, 216
端数処理	65, 195, 208
百万円単位	215
近似値検索（TRUE）	96, 133
くし刺し集計	46
桁区切りスタイル	214
検索	19, 94, 104, 107, 112
構成比	32

さ

四則演算	27
累計の計算	38
循環参照	89
ショートカットキー	
Alt + Shift + = （オートSUMの入力）	41
Ctrl + 1 （[セルの書式設定]画面の表示）	202
Ctrl + Shift + : （表全体の選択）	43
Ctrl + Shift + @ （数式の表示）	37
Ctrl + Shift + 1 （桁区切りの設定）	214
Ctrl + Shift + L （フィルターの設定）	128
Ctrl + Shift + 矢印キー（セル範囲の選択）	42
F4 （絶対参照）	35
Tab （右のセルへ移動）	43
条件付き書式	63
条件分岐	
2通り	58
3通り以上	59, 72
IF関数	20, 52
VLOOKUP関数	82, 106, 128, 132

221

照合·················188
書式·················17
シリアル値············196, 198
数式
   数式の表示·········37
   入力·············26
   文字列の結合·······28
   文字列の入力·······27
数値·················24, 197
絶対参照··············30
   行だけ絶対参照·····34
   参照の切り替え·····35
   列だけ絶対参照·····34
セル
   結合·············28
   離れたセルの合計···44
   離れたセルの選択···43
セル参照··············26
   循環参照·········89
   絶対参照·········30
   相対参照·········30
   複合参照·········34
セルの書式設定········202
   ユーザー定義······202, 216
相対参照··············30

た

重複の削除············186
データの種類··········55
   エラー値·········24
   数値·············24
   文字列···········24, 27
   論理値···········24
データベース··········90
突合·················190
ドリルダウン··········192

は

端数処理··············65, 195, 208
   切り上げ·········209
   切り捨て·········209
   四捨五入·········209, 212
   表示形式·········210
引数·················17
日付·················71, 194
   月初・月末·······204
   シリアル値·······197
   前日・翌日·······198
   月···············200
   日数·············199

年·················200
年度···············67
日·················200
表示形式···········202
曜日···············203
ピボットテーブル·····171
   行ラベル·······174
   降順···········181
   更新···········179
   照合···········188
   昇順···········181
   重複の削除·····186
   データソースの変更···179
   データの個数···182
   突合···········190
   ドリルスルー···192
   並べ替え·······181, 183
   フィールドエリア···176
   マトリックス表···178
表示形式···········196
   端数処理·······210
   日付···········202
   ユーザ定義·····202
   曜日···········203
フィールドエリア·····176
フィルター·········128
複合参照···········34
ブック·············103, 118
ポップアップ·······29

ま

マスタデータ·······124
マトリックス表·····36, 160, 178
   絶対参照·······37, 161
文字列·············24
   結合···········28
   入力···········27
戻り値·············17

や

ユーザー定義·······202
   千円単位·······215, 216
   曜日···········203

ら

累計の計算·········38, 91
論理式·············53, 57
論理値·············24

著者

羽毛田睦土（はけたまこと）

公認会計士・税理士。羽毛田睦土公認会計士・税理士事務所所長。合同会社アクト・コンサルティング代表社員。
東京大学理学部数学科を卒業後、デロイトトーマツコンサルティング株式会社（現アビームコンサルティング株式会社）、監査法人トーマツ（現有限責任監査法人トーマツ）勤務を経て独立。BASIC、C++、Perlなどのプログラミング言語を操り、データベーススペシャリスト・ネットワークスペシャリスト資格を保有する異色の税理士である。
会計業務・Excel両方の知識を生かし、Excelセミナーも随時開催している。ブログ『経理・会計事務所向けエクセルスピードアップ講座』では、Excel業務への活用事例を紹介するとともに、メールセミナー『エクセル倍速講座』を発行している。

BLOG　　https://www.excelspeedup.com/

STAFF

ブックデザイン	小口翔平＋岩永香穂＋三森健太 (tobufune)
カバー画像	アフロ
DTP制作	田中麻衣子・町田有美
編集協力	松川叶実
デザイン制作室	今津幸弘〈imazu@impress.co.jp〉
	鈴木 薫〈suzu-kao@impress.co.jp〉
制作担当デスク	柏倉真理子〈kasiwa-m@impress.co.jp〉
編集	平田 葵〈hirata-a@impress.co.jp〉
デスク	井上 薫〈inoue-ka@impress.co.jp〉
編集長	藤井貴志〈fujii-t@impress.co.jp〉

本書のご感想をぜひお寄せください
https://book.impress.co.jp/books/1117101053

読者登録サービス CLUB impress
アンケート回答者の中から、抽選で**商品券(1万円分)**や**図書カード(1,000円分)**などを毎月プレゼント。
当選は賞品の発送をもって代えさせていただきます。

本書は、Excel 2016/2013/2010を使ったパソコンの操作方法について2018年2月時点での情報を掲載しています。紹介しているハードウェアやソフトウェア、各種サービスの使用方法は用途の一例であり、すべての製品やサービスが本書の手順と同様に動作することを保証するものではありません。
本書の内容に関するご質問は、書名・ISBN（奥付ページに記載）・お名前・電話番号と、該当するページや具体的な質問内容を明記のうえ、インプレスカスタマーセンターまでメールまたは封書にてお問い合わせください。電話やFAX等での対応はしておりません。
なお、以下のご質問にはお答えできませんのでご了承ください。
・書籍に掲載している手順やデータ以外の質問
・ハードウェアやソフトウェアの不具合に関するご質問
・本書の内容に直接関係のないご質問
本書の利用によって生じる直接的または間接的被害について、著者ならび、弊社では一切責任を負いかねます。あらかじめご了承ください。

■商品に関する問い合わせ先
インプレスブックスのお問い合わせフォームより入力してください。　https://book.impress.co.jp/info/
上記フォームがご利用頂けない場合のメールでの問い合わせ先――――――info@impress.co.jp

● 本書の内容に関するご質問は、お問い合わせフォーム、メールまたは封書にて書名・ISBN・お名前・電話番号と該当するページや具体的な質問内容、お使いの動作環境などを明記のうえ、お問い合わせください。
● 電話やFAX等でのご質問には対応しておりません。なお、本書の範囲を超える質問に関しましてはお答えできませんのでご了承ください。
● インプレスブックス(https://book.impress.co.jp/)では、本書を含めインプレスの出版物に関するサポート情報などを提供しておりますのでそちらもご覧ください。

■落丁・乱丁本などの問い合わせ先
TEL 03-6837-5016　FAX 03-6837-5023
service@impress.co.jp
（受付時間／10:00-12:00、13:00-17:30 土日、祝祭日を除く）
● 古書店で購入されたものについてはお取り替えできません。

■書店／販売店の窓口
株式会社インプレス 受注センター
TEL 048-449-8040　FAX 048-449-8041
株式会社インプレス 出版営業部
TEL 03-6837-4735

関数は「使える順」に極めよう！
Excel 最高の学び方（できるビジネス）

2018年3月11日　初版発行
2019年6月21日　第1版第6刷発行

著者　　羽毛田睦土
発行人　土田米一
編集人　高橋隆志
発行所　株式会社インプレス
　　　　〒101-0051　東京都千代田区神田神保町一丁目105番地
ホームページ　https://book.impress.co.jp/

本書は著作権法上の保護を受けています。本書の一部あるいは全部について（ソフトウェア及びプログラムを含む）、株式会社インプレスから文書による許諾を得ずに、いかなる方法においても無断で複写、複製することは禁じられています。

Copyright© 2018 Act Consulting LLC. All rights reserved.

印刷所　株式会社廣済堂
ISBN978-4-295-00309-0　C3055　Printed in Japan